认知的
THE DRIVING

耿永亮 编著

FORCE OF COGNITION
驱 动

中国纺织出版社有限公司

内 容 提 要

任何人都无法拒绝成长，而成长的根本是升级认知、做成事情、成为一个有价值的人，但在现实生活中，很多人虽然内心有强烈变好的愿望，也很努力，但是无法做成事情，这背后的原因往往是缺少价值意识、输出意识、创造意识、作品意识、利他意识。

《认知的驱动》是一本全面帮助我们成长的实用性读物，它告诉我们任何人单纯依靠努力是无法获得成功的，我们需要升级认知，学会从"对内输入"到"对外输出"，从掌握心法到练习技法，走出焦虑的怪圈，激发出我们的行动力，帮助我们成为一个有价值的人。

图书在版编目（CIP）数据

认知的驱动 / 耿永亮编著.--北京：中国纺织出版社有限公司，2024.5
ISBN 978-7-5229-1492-3

Ⅰ.①认… Ⅱ.①耿… Ⅲ.①成功心理—通俗读物 Ⅳ.①B848.9-49

中国国家版本馆CIP数据核字（2024）第043793号

责任编辑：柳华君　　　责任校对：王花妮
责任印制：储志伟　　　责任设计：晏子茹

中国纺织出版社有限公司出版发行
地址：北京市朝阳区百子湾东里A407号楼　邮政编码：100124
销售电话：010—67004422　传真：010—87155801
http://www.c-textilep.com
中国纺织出版社天猫旗舰店
官方微博http://weibo.com/2119887771
天津千鹤文化传播有限公司印刷　各地新华书店经销
2024年5月第1版第1次印刷
开本：880×1230　1/32　印张：6.25
字数：95千字　定价：49.80元

凡购本书，如有缺页、倒页、脱页，由本社图书营销中心调换

前 言

生活中的你,是否经常有以下这些困惑:

同一学校、学习成绩、长相和家庭背景都差不多的两个同学,却在毕业后几年的时间里出现了天差地别的变化,其中隐藏着什么玄机呢?

周围有很多人明明又聪明又勤奋,但就是无法做成事、出不来成绩,这是为什么?

你的上司总是能想到你没有想到的地方,他们为什么总是高你一筹?

在职场中遭遇职业瓶颈的你做了很久中层管理者,要如何努力才能成为高管?

在这个日新月异的时代,真正能抓住时代机遇的人只有少数,为什么你没有抓住?

……

如果你也曾有这些苦恼和困惑,如果你想变得更有智慧,那么你首先需要改变并提升你的认知。认知能力是一个人最重要的能力,也是一个人与其他人之间最根本的、最大的能力差距。不管是成人与成人之间,还是成人与孩子之间,冲突的根

认知的驱动

源都在于认知的不同。

认知资源是真正的人生财富,而且是持久不竭的。但现实中,我们往往会忽视这种财富的积累。因此,一个人要精进成长,就必须要不断提升自己的认知,不断挖掘积累自己的认知资源。

认知能力是人脑中的"操作系统",这就好比计算机的软件,硬件是我们的大脑,但真正决定我们的运行能力的,依然是软件。

那么,什么是认知力呢?认知力就是一个人对自己和对周围世界的认识程度。认知力对所有人都是最重要的,并最终决定了一个人的生活质量。

可能很多人提出对于提升认知的质疑,我也看过很多思维类的书籍,这些书籍都偏理论化,只有一些专业名词和概念,无法对我们的生活和工作起到真正有效的指导作用;同时也有一些技巧性很强的书籍,介绍了很多案例,我们能看懂并运用到实践中,但是这些书籍并没有进行深层次分析,一旦换个场景,就无法再应用这些知识了,做不到放之四海而皆准。

综合认知领域书籍的出版情况,我编写了《认知的驱动》一书,本书结合了很多成功人士、职场精英、学者的实践经验和认知,建立起了一套完整且全新的思维框架,帮助我们不断

前言

提升自我认知，让我们站在更高的维度看世界、看自己，同时让我们能游刃有余地解决生活和工作中的难题。假如你能在阅读完本书后有意识地运用其中的知识，相信你会拉开与他人的差距，拥有持续性的竞争优势，进而改变人生，实现人生价值，最终获得幸福。

编著者

2023年11月

目 录

上篇
对内输入：成事的心法

提升认知，创造价值是人生的使命　003

第 01 章

你知道吗，生命有无限种可能　/　005

人生的使命在于创造价值　/　010

提升认知，以利他之心生活　/　014

利用镜子原理，展现最好的社交姿态　/　019

内向者应当被动社交，根据自己的优势发展自我　/　023

树立信念，你的高度取决于能否积极改变　029

第 02 章

NLP逻辑层次：你处于哪一层　/　031

重视信念，在内心确立一个默认的身份　/　037

你对人生的态度决定了你的高度　/　043

时刻觉知并审视自己的语言　/　048

成功需要雄心壮志，而不是绝对的理性思维　/　052

如果你认为自己做不到，你就不可能做得到　/　057

摆正心态，清除成事路上的负面心理　　063

第03章

如何在"负面偏好"影响的世界里过得更快乐 / 065

真正的成熟，要先从抛弃二元对立开始 / 070

适度的压力，有助于保持良好的状态 / 073

好的生活状态是始终游走在舒适区的边缘 / 079

以正确的心态提升自己 / 084

一劳永逸是不切实际的愿望 / 089

下篇
对外输出：成事的技法

战略思考，根据大环境确定成事方向　　097

第04章

有时环境比努力更重要 / 099

近朱者赤，近墨者黑 / 104

小心信息便捷对我们注意力的破坏 / 109

整理你的办公桌，营造有序、简洁的环境 / 113

尽可能接近优秀的人和环境 / 118

善于借势，才会大有作为 / 121

是否爱读书并不是人生的分水岭 / 125

"知""行"统一才是智慧的学习 / 130

目录

第05章 策略练习，依据自身条件制订实施的方法和路径　135

长期主义者最好的人生模式　/　137

"写下来"具有强大的力量　/　142

同时具备愿望和方法才能让一个人快速进步　/　148

降低期待，允许自己慢慢变好　/　153

普通与卓越之间的分水岭需要"穿"过去　/　158

请尽早执行你人生的B计划　/　161

第06章 实践出真知，做到才是对认知升级的直接检验　165

目标觉醒：尽早找到你的人生目标　/　167

从现在开始觉醒，敢于离开安全区域　/　171

去行动、去试错，总比原地不动更有收获　/　175

自发行动，才有可能做成一件事　/　180

一生做好一件事，你就能成功　/　183

参考文献　187

上篇 对内输入：成事的心法

第 01 章

提升认知，创造价值是人生的使命

我们常常提到的"认知"一词最初是个心理学专业名词，有个专门的学科叫作"认知心理学"，和认知相关的学科还有"认知神经科学"等。认知是大脑接收外界信息输入和对信息进行加工的过程，一个人的认知水平，与其能力大小、是否能成功有很大的关联。可见，尽早提升认知，我们便能避免蹉跎岁月，创造自己的价值，迎接成功人生。

第01章
提升认知，创造价值是人生的使命

你知道吗，生命有无限种可能

生活中，人们常常提到"认知"一词，那么，什么是"认知"呢？它是心理学上的名词，指的是人们获取知识、应用知识或信息加工的过程，这是人的最基本的心理过程，大脑在接收外界输入的信息后，会经过一系列加工处理，然后转化成自己的内在心理活动，以此支配人的行为。这个信息加工的过程，也就是认知过程。这样看来，我们的行为都是由自我认知决定的，生活中，不少人庸庸碌碌、毫无成就，很大程度上也是因为他们在认知上的自我设限，他们毫无野心，做一天和尚撞一天钟，试问这样的人生有何价值可言？

人生的使命就在于创造价值，只有突破认知，你的生命才有无限可能。然而，生活中的大部分人都过着朝九晚五的生活，按部就班。如果你问他有没有梦想，他会告诉你他有梦想，并且幻想着自己成功的无数可能，当你问他为什么没有奋力一搏时，他会开始抱怨自己生不逢时，没有高学历、

认知的驱动

没有资本、没有贵人相助。殊不知，正是自我设限，让他们的人生循规蹈矩，毫无亮点。当他们看到别人获得成就时，又羡慕不已。其实，我们的生命有无限种可能，前提是你要敢于突破、积极进取。进取心是人类进步的源泉，它是威力最强大的引擎，是决定我们成就的标杆，是生命的活力之源。

所以，想法决定活法，即便你起点低，人生也充满无限可能。而且，几乎所有的成功人士，刚开始所从事的工作都是卑微的、烦琐的，甚至是无聊的，但他们却不忘积聚自己的实力，在长久的努力中，他们厚积薄发，实现人生理想。

进取是没有止境的，任何人都不能满足于现状，而需要不断地开拓新的领域。

哈佛大学有一位特殊的毕业生——伊丽莎白·麦克尼尔，她82岁时从哈佛大学毕业。事实上，伊丽莎白能拿到哈佛大学的毕业证书，经历了一个相当艰难的过程，因此她的事迹被哈佛人津津乐道。

1941，高中毕业的伊丽莎白顺利结婚并先后生下四个孩子，随后，她有幸成为哈佛大学健康服务部的员工。在哈佛大学工作的她被学校浓厚的学习氛围感染，慢慢地，她开始积极旁听各个学科的课程。

就这样过了很多年，伊丽莎白依然没有成为哈佛的学生，因为她认为自己根本无法完成这么多的学习任务。然而，就在9年前，她的同事和同学都开始鼓励她，这让她又产生了争取获得学位的念头。

此时的伊丽莎白已经73岁了，和她差不多大的妇女都已经退休回家养老了，而她则不这么认为，她有自己的梦想，所以她告诉自己，一定要鼓足勇气。于是，她再次走进了哈佛的课堂，并且她给自己制定了十年的学习目标，也就是要在83岁之前从哈佛毕业。

满脸皱纹的伊丽莎白在哈佛工作了25年，学习了20年，攻读了9年学位，最终赶在自己的孙女之前获得了本科学历。

在哈佛，伊丽莎白可谓是一位独特的学生。许多教授都把伊丽莎白的事迹作为案例，鼓舞学生：树立信心、勇敢尝试，走属于自己的路。

的确，在生活中有太多的人，他们把自己的一生浪费在了只有一种可能的循环往复中，白白浪费了自己宝贵的生命。他们曾经也是一个英姿飒爽的少年，但如今却已步履蹒跚。如果你不想重蹈他们的覆辙，你就要选择去尝试，勇敢一点，才不

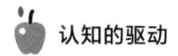 认知的驱动

会让自己后悔。

那么,我们应该如何激发出生命的无限可能呢?

1. 告诉自己,只要敢想,就没什么不可能

对"不可能"不妨采取一种新的看法,选择在心理上超越它,这样你就能站在更高的位置上,低头俯视你所面对的问题。任何人想要解决问题,都必须在他的思想中超越问题。这样,问题就不会显得如此令人畏惧。而且他会产生更大的信心,确信自己有能力去解决问题。

2. 勤于学习,丰富知识,便能开阔视野

在我们的日常生活和工作中,常常用视野比喻人的眼界开阔程度、眼光敏锐程度、观察与思考的深刻程度等。可以说,视野开阔与否,是衡量人的综合素质的重要标尺。

而视野开阔与否,取决于我们对知识的掌握程度和思想理论水平的高低。常言道,学然后知不足。勤于学习的人,越学越能发现自己的不足,于是会想方设法充实自己、提高自己,因此能学到更多的东西,视野也会随之越来越开阔,跟上前进的步伐。

3. 脚踏实地,做好手头事,在平凡中实现自我蜕变

无论你现在从事什么工作,你的职位如何,那种大事干不了、小事又不愿干的心理都是要不得的。要知道,没有人可以

一步登天,当你认真对待每一件小事时,你会发现自己的人生之路越来越宽阔,成功的机遇也会接踵而来。能否把握每件小事并予以关注,就成了一个人素质与能力的体现。

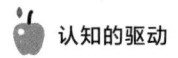 认知的驱动

人生的使命在于创造价值

人们常说:"思想有多远,就能走多远。"这句话虽然有点夸张,但确实道出了人的认知和思想对于行动的指导作用。我们能否成功,关键取决于我们的思想高度,如果你学会用价值规律看问题,你的人生就会发生巨变。的确,创造价值能够使人得到一种归属感,这是一种对自我的肯定,这种精神上的成功能够让一个人更加充实并找到人生存在的意义,推动人生向下一个阶段发展。爱因斯坦说:"不要努力成为一个成功者,要努力成为一个有价值的人。"英国作家王尔德说:"人真正的完美不在于他拥有什么,而在于他是什么。"新时代的年轻人,都应当努力提升自己,努力为社会、为国家创造价值。然而,我们周围有人饱食终日、得过且过,年纪轻轻就选择了"躺平",很明显,这样的人生毫无意义可言。

有这样一个人,他年纪轻轻,每天无所事事,懒洋洋地在

第01章 提升认知，创造价值是人生的使命

树底下晒太阳。

有一个智者问他："年轻人，这么大好的时光，你怎么不去赚钱？"

年轻人说："没意思，赚了钱还得花。"

智者又问："你怎么不结婚？"

年轻人说："没意思，弄不好还得离婚。"

智者说："你怎么不交朋友？"

年轻人回答："没意思，交了朋友弄不好会反目成仇。"

智者给年轻人一根绳子说："干脆你上吊吧，反正也得死，还不如现在死了算了。"

年轻人说："我不想死。"

智者于是告诉他："生命是一个过程，不是一个结果。"年轻人这才幡然醒悟。

这就叫"一语点醒梦中人"。是啊，生命是一个过程。我们应该怎么享受生命这个过程呢？我们应把注意力放在积极的事情上。懂得享受寂寞的人是淡定的，但他们绝不是看破红尘，不思进取，这只是经过岁月磨砺后的沉稳含蓄，看淡世俗名利。

石油大王洛克菲勒曾说："与其生活在既不胜利也不失败

的黯淡阴郁心情里，成为既不知欢乐也不知悲伤的懦夫，倒不如不惜失败，大胆地向目标挑战！"他这句话是要鼓励我们勇于改变安稳的现状、敢于冒险。事实上，我们也发现，洛克菲勒本身就是个野心勃勃的人。

1870年，标准石油公司成立，洛克菲勒任总裁，该公司此时的资产是100万美元。洛克菲勒放言："总有一天，所有的炼油和制桶业务都要归标准石油公司。"公司主要负责人不领工资，只从股票升值和红利中提成。"不领工资只分红"这个制度一直影响着现在的美国企业。洛克菲勒坚信："一个人进入了只有一件事可做的局面，并没有供其选择的余地。他想逃也无路可逃。因此，他只有顺着眼前唯一的道路朝前走，而这就是勇气。"

的确，人生的旅途中，那些不敢冒险、不敢真正跨出第一步的人，最终只能在给自己限定的舞台上变得越来越渺小。没有舞台的演员就像被缴械的军人、被剥夺了笔的画家，成功只会离他越来越远。

因此，让我们摒弃知足常乐的借口，大胆去创造吧。你可以从以下几方面出发去锻炼自己。

1. 重新审视自己，找出自己的闪光点

每个人都有与众不同的地方，可能这些地方会被日常那些烦琐的事情掩盖，那么，不妨从现在起停下脚步想想，你是不是在某些方面比别人更有天赋呢？如果有，就开始重新审视自己吧，从自己最擅长的事情做起，你会省力、省心很多！

2.重新唤醒自己的梦想

其实，我们心中都有属于自己的梦想，但出于各种原因，这些梦想可能会逐渐被岁月磨灭。但实际上，正是因为失去了梦想，你才会变得无力，没有热情，然后得过且过。任何人的潜能只有具有强大的动力，才会被最大限度地激发出来。因此，不要犹豫了，为理想奋斗吧，你的人生才会获得别样的精彩！

3.树立脚踏实地的态度

你若想变得伟大，成就一番事业，就必须要具备勤奋的工作态度。爱因斯坦说："人的价值蕴藏在人的才能之中。在天才和勤奋两者之间，我毫不迟疑地选择勤奋，她几乎是世界上一切成就的催产婆。"真正的成功是一个过程，是将勤奋和努力融入每天的生活和工作中。成功没有捷径，它需要脚踏实地。

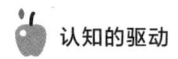 认知的驱动

提升认知，以利他之心生活

中国人常说，"人之初性本善"。也就是说，人在刚出生时，本性都是善良的，自古以来，善良一直都被人们推崇为一种高贵的品质，那些行善积德、心怀悲悯的人也一直被人们敬仰。事实上，一个内心充满慈悲的人不但能获得他人的认可，更重要的是，他们的心境也得到了提升。

也许有人会说，这个社会到处是尔虞我诈，慈悲心早已荡然无存。而其实，这只是个例。我们的生活中处处存在美与爱。我们每天都能看到初升的太阳，那是自然之美。我们每天都能拥有他人的关爱与帮助，这是人性之美。因此，我们每个人都要提升自我认知，尽早培养自己的利他感情，多行善，多为他人着想，那么，最终获利的还是我们自己。

曾经有一个年轻人问智者："听说除了我们生活的世界外，还有天堂和地狱，地狱到底是什么样的地方呢？"

第01章
提升认知，创造价值是人生的使命

智者面对年轻人的疑问，和蔼地回答："那个世界既有天堂，也有地狱，其实，表面上看，它们并没有太大差别，只是人们的心不同。"

智者的话让年轻人更迷茫了："怎么不同呢？"

智者继续讲道："在地狱和天堂里都有一口锅，锅的大小相同，且锅里煮着一样的面条，但是要吃到面条却并不那么容易，因为人们手中只有长度达一米的筷子。地狱的人会争先恐后地抢着吃面条，但是无奈筷子太长了，面条无法送进嘴里，最后他们开始抢夺别人的面条，于是，一口锅内的面条全部撒了，谁也没吃到。这就是地狱里人们的生活。"

"那住在天堂里的人是怎样生活的？"年轻人好奇地问。

"和地狱里的人相反，住在天堂的人，他们深知要吃到面条，完全靠自己是不可能的，所以他们用自己的长筷夹住面条，往锅对面人的嘴里送，说着'你先请'，让对方先吃。这样，吃过的人说'谢谢，下面轮到你吃了'作为感谢和回赠，他们帮对方取面条。所以，天堂里的所有人都能从容地吃到面条，每个人都心满意足。"

听完智者的话，年轻人若有所思。

的确，我们是住在地狱还是天堂，完全取决于我们的心。

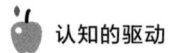 认知的驱动

这就是这个小故事想要告诉大家的道理。

实际上，我们的身边一直都不缺乏那些为他人、为社会贡献力量的善良人。比如，遭遇自然灾害后，多少热血青年身赴灾区，帮助那些深陷困境中的人们，支援灾后重建工作；很多创业者成为成功的企业家后，不忘回馈社会，用自己的绵薄之力支持慈善事业；一些闹市中的青年们，在忙碌之余，会带上自己的爱心来到孤儿院、敬老院，为他们带来欢乐……善心是人类与生俱来的本性。的确，人的内心充满至深至纯的幸福感，不是在满足自我的时候，而是在满足了"他人"的时候，觉得自己的观点也得到了认同。而且，聪明的人应该能注意到，奉献并不仅是对他人有利，终究将有利于自己。

生活中的人们，当遇到需要帮助的人的时候，你是否愿意停下来为他们想想办法？或许在不经意间，受帮助的不仅是别人，还有你自己。你会发现，爱加上智慧原来是能够产生奇迹的。其实任何一次助人行为，都是完善自我、实现自我价值的机会，怎能不出于自愿？心存善念，多行善事。我们就是自己最重要的贵人。

为此，在人生的成长道路上，我们都应该警醒自己，心存善念，多为他人着想，那么，你的人生旅途就会越走越宽。为此，你需要做到以下几点。

第01章
提升认知，创造价值是人生的使命

1. 善待周围的每一个人

善待他人要从点滴小事起步，从细微处入手，这样才能做到"勿以善小而不为，勿以恶小而为之"。

2. 学会主动让出物质，让自己变得慷慨

遇到行乞者，你会施舍吗？学校组织的捐款活动，你会参加吗？你可能会想，为什么要付出？钱可以给自己买玩具、买衣服等，付出了就没有了。你这样想很正常，但这也是一种吝啬的表现。主动让出物质，这是一种培养自己慷慨习惯的行为，慷慨也是一种付出、一种爱。你可以试着把自己的东西分享给其他人，久而久之，你就会变得慷慨起来。

3. 真正关爱他人

在感情方面，也不要太吝啬。人们之间的感情是在相互帮助和相互关爱中形成的。如果在别人因孤独而需要你安慰的时候，在别人因困难而需要你帮助的时候，你置之不理，那么，在你自己孤独和困难的时候，也不会得到他们的关心和帮助。因此，当你的好朋友、同学心情不好时，你应该多体会他人的心情，试着去安慰他们，他们肯定会感受到你的贴心，获得力量。

4. 学会换位思考，理解对方，理解爱

每个人都有自己的情感世界，都希望得到别人的理解，也希望能理解别人。理解就像是一座桥梁，是填平人与人之间鸿沟的土石。在解决类似的问题时，是否"体谅"对方会直接导致不同的结果。

5.学会包容别人

生活中，人与人之间难免会产生摩擦，一些人年轻气盛，争强好斗，常为一点小事争得不相上下，自己做错事却不着重自省，而是一劲儿地找别人的不是，这种人缺乏的就是一颗宽容的心。

而那些真正能善待他人的人，才是真正的赢家，因为他们会利用"人情味儿"来俘获他人的心，即使对方是敌人，也能化干戈为玉帛，让这来之不易的"朋友"为己所用。

第01章
提升认知，创造价值是人生的使命

利用镜子原理，展现最好的社交姿态

我们唯有在群体中才能学会社交、学会爱、学会生活、学会责任感和道德观，并找到自己的归属。如果我们在孩提时代没有学会处理团体中的关系的方法，缺少团队意识，将来就不懂得发展良好的人际关系，也不可能和别人保持融洽的关系，这就是社交的由来。而关于社交，人们往往对于该保持何种姿态感到迷茫，人们不知如何让对方接纳自己的观点、想法，也不知道如何拉近和改善人际关系。人际关系学认为，社交是一面镜子，你希望对方接纳什么，你就要呈现出什么。比如，如果你想让别人听你的劝，那么，最好的方式不是语言，而是你真的变得比从前优秀、比对方优秀，这时候你说的话才有分量。这就是我们所说的镜子原理。根据这一原理，我们总结出以下四条社交中的原则。

原则一：最好的建议不是劝说，而是影响。

"身教大于言传"，这句我们经常挂在嘴边的话，其实非

认知的驱动

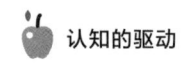

常有道理。比如，很多时候，我们希望与自己亲密的人接受我们的教导，我们说了很多大道理，但最后对方可能并不以为意。

的确，我们总是打着"为你好"的旗号劝诫他人，告诉对方应该这样做或那样做，但结果往往是无功而返。其实，我们要想让他人改变，应该做的不是劝说，而是用自身的经历去影响对方。

当你唠唠叨叨劝说的时候，也许在对方眼里你只是个"知识的搬运者"，整天只知道说大道理，并没有什么真本事。此时，你最该做的是闭嘴，要让自己先做到，提升自己的实力和信服力，你才能成为那个有发言权的人。

要知道，同样的话，从你和优秀的人嘴里说出来，效果就是不一样。这取决于说话的人是谁，取决于谁做到了。

其实别人不听，你也不必纠结，不是人家在反驳你、反对你，这只是一面镜子，照出了你的不足。最好的策略是埋头努力然后改变自己。这样，有一天即使你不说话，也会有人主动征求你的意见。

这一原则在家庭教育中的表现尤为明显，在育儿过程中，高情商父母不会过多说教，而是会用"身教"去影响他们。好的父母只给孩子做榜样，因为孩子都是看着父母的背影长大的。

第01章
提升认知，创造价值是人生的使命

原则二：更好的关系，不是付出，而是吸引。

以婚恋为例，男女双方，一方付出了很多，却往往吃力不讨好，使自己失去了吸引力。

不只是婚恋，对于其他类型的社交，我们也能将其分为两类，一类是付出型社交，另一类是吸引型社交。第一种人拥有很强的付出心态，但是常常因为过度付出而让自己感到痛苦，让他人感到沉重。他们也会因为热衷于付出而缺乏时间来完善和提升自己。

这类人应当改变自己，要从付出型向吸引型转变。吸引型的人在与他人相处时，即使打出了付出牌，他们也是有吸引力的，他们的付出也不会给他人带来任何压力。所以跟他们相处，人们会感到轻松愉快。

所以，如果自己单方面付出得不到回应，那么这面镜子就是在告诉你自己还不完善，你应该立足长远，努力改变，直到有一天即使你不付出，别人也会主动靠近你。

原则三：好的对待，不是要求，而是成为。

所有的社交都是一面镜子，外界如何给你反馈，根源在于你自身长期的综合表现。

如果你整天绷着脸、不苟言笑，别人也不会跟你开玩笑；如果你整天生活懒散、缺乏责任，领导也不会对你委以重任。

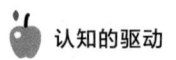

我们不能要求别人成为什么,而要让自己真正成为心中期待的那个人。这个人应该是睿智的、强大的、有担当的,是会让人心生欢喜、敬仰,然后愿意主动靠近的人。

我们可以做这样的假设:你愿意和自己这样的人共度一生,即使贫穷、疾病也不离不弃吗?你喜欢自己现在的外表,喜欢自己现在的言谈举止,喜欢自己的能力和上进心吗?如果你对自己都不满意,说明别人那样的态度也是情有可原的。

原则四:想要变得更好,请停止追逐。

生活中不是不能去劝说他人,不是不能一味地付出,不是不能提出要求。世界从来不是二元对立的,习惯只取一端的人,往往会走向绝对化,所以应该视情况而定。

现实生活中,我们也要视情况而定,在该劝说的时候极力劝说,该付出的时候尽情付出,该要求的时候勇敢提出要求。

内向者应当被动社交，根据自己的优势发展自我

当今社会，随着信息碎片化、技术智能化，我们生存的这个世界再也不那么安宁了，到处充斥着喧嚣的因素，只要我们有智能设备，不需要走出家门，就能了解世界并建立社交关系。关于社交，我们接触到的信息是："在这个时代，你一定要大胆展现自我，要敢于表达、主动连接，要拉得下脸，要八面玲珑广交人脉，否则你会错失各种人生机遇，活得默默无闻。"

无论是现实生活还是网络世界，这样的信息纷至沓来，似乎你不接受就会落伍，为此很多人焦虑不已。尤其是那些天生内向、性格木讷、不善言辞的人，因为这些对他人显得极为平常且轻松的事，换到内向者身上就会变得异常难受和别扭。

为了不被时代淘汰，他们依然鼓足勇气，"冲进拥挤的潮水中努力游动"，美其名曰挑战自己、突破自己。然而，这样

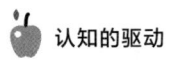 认知的驱动

做似乎并不能真正缓解他们的焦虑,因为同质化的内容实在太多了。在众人自我宣传的时候,自己那点不够自然和自信的声音依然显得微不足道。

如何才能在焦虑的时代,找到内向者在社交生活中的制胜之道?

成长的根本是:创造价值、做成事情。从"习惯养成"到"技能培养",从"对内输入"到"对外输出",从成为"更好的人"到成为"更有价值的人",这些刻意的转变会让我们走出焦虑的怪圈。学会用认知来驱动自己、更好地看清自己、破除某些认知上的藩篱,才能找到适合自己的生存之道。

事实上,内向者根本无须在"主动社交"这条路上挤得头破血流,因为这个世界上还有很多条通往成功的路。

如与之相反的"被动社交",这条路就非常好走,它不仅畅通不拥挤、安静不焦虑,还特别适合那些不擅长即时表达的内向者。

那么,内向者该如何做到被动社交呢?

1. 用作品替自己说话

我们可以发现,就算创作者自身不善言辞,也同样可以让自己产生强大的社交吸引力,因为他可以让作品代替自己说

话。而有价值的作品，特别是精心打磨过的作品，所产生的影响力要远远超过个人在台面上的高声叫卖。

2.扬长避短，专注于创造

科学研究证明，内向者与外向者在生理机能上有显著的差别。

在心理学上，首先提出人的性格有内向和外向之分的是荣格，他指出，在任何人的人格中，都有着这两种倾向，只是在日常生活中某种倾向占据了优势并显现了出来，而处于劣势的一方就被收进了"个人的无意识"。所谓个人的无意识，指的是曾经被意识到而后被压抑（遗忘）的经验，或开始时不够生动、不能产生意识印象的经验。他认为用于组成情结的主题经常在人生中再现，对人的行为起着不均匀的影响。在荣格看来，性格外向者，"自我"为外向，"个人的无意识"为内向；内向型的人，"自我"为内向，"个人的无意识"为外向。举个很简单的例子，一些人会产生疑问，为什么一些情况下自己能做到镇定自若、侃侃而谈，但某些情况下自己却磕磕巴巴、说不出话来呢？其实就是因为在一些场合某一倾向成为优势，而在其他场合另外一个倾向就成了优势。

认知的驱动

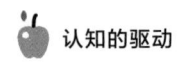

在我们的生活周围，有不少性格内向者和外向者，他们给我们的大致印象并不同。性格外向者的心理活动是倾向于外部世界的，对于身边发生的事，他们会表现出浓厚的兴趣，他们在意周围人的看法，对他人支持和关心，他们的做事能力强，但往往因为这样，他们也容易忽视自己内心最真实的情感和需要。不过，他们最大的优点在于能迅速地适应新环境，融入新圈子。

相对于性格外向者，内向者的心理活动倾向于内部世界，他们看重自己的情感体验，他们更喜欢深思熟虑，做事不盲目，也不被周围环境所影响，对于流行趋势和主流行为采取冷漠或敌对的态度，因此很容易与他人产生摩擦。他们适应新环境的能力较差，人缘一般情况下也不是很好。

所以，内向者的总体优势体现在他们更加擅长与事物打交道，面对静态事物，他们更理性、更有创造力，也更加关注事物的根本。这可能也是很多内向者不太合群的原因之一，因为习惯关注事物根本的人会觉得普通的闲聊太肤浅、没有意义，他们与人交流时会不知道该说什么好。

综上可知，内向者虽然在社交上不具优势，但在创造上更具潜力，所以专注创造并用创造的价值来吸引外界与其产生连接，往往是他们更具优势的人生赛道。

如果你了解以上知识，或许会主动扬长避短，切换到更适合自己的人生赛道上来。

第 02 章

树立信念，
你的高度取决于能否积极改变

我们都知道，泉水的高度不会超过它的源头；一个人的成就不会超过他的信念。而我们所走的路，也不会比我们的思想延伸得更远，所以，如果我们想让行动领先一步，首先就必须要有正确和有深度的认知。你在未来的高度取决于当下认知的深度和改变的程度，生活在现代社会的人们，如果你想活出一个不平凡的人生，如果你想成为一个成功的人，就必须相信自己、提升认知，并积极做出改变。那么，今天的你是否改变了呢？

NLP逻辑层次：你处于哪一层

1976年，理查德·班德勒和约翰·格林德开创了一门新学问——NLP，意思就是用神经语言改变行为程序。后来他们的学生罗伯特·迪尔茨和格雷戈里·贝特森创立了NLP逻辑层次模型。这个模型把人的思维和知觉分为6个层次，自下而上分别是：环境、行为、能力、信念和价值观、自我意识、使命。

NLP逻辑层次模型被广泛运用到很多领域，如生活、商业、情感，也包括人的成长历程。对于这一模型，可能很多人觉得晦涩难懂、太过抽象，其实只要你认真学习就能发现，它能提升我们的认知水平。

任何人的成长过程都伴随这样那样的问题，而面对这些问题，我们的态度很关键。从我们的态度中，能看出我们的成长等级，NLP逻辑层次模型就可以作为衡量成长等级的标尺。

第一层：环境。处于这一层的是最低层的成长者，遇到问

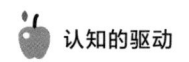

题后，他们的第一反应并不是从自身寻找原因，而是归咎于周围的环境，如感叹经济环境差、运气不好、老板没远见……总之凡事都是别人的错，自己没有错，这样的人情绪不稳定，往往是十足的抱怨者。

第二层：行为。这一层的人已经能将眼光放到内部，他们知道抱怨环境毫无意义，所以他们会把注意力放到自身行为上，如自己的努力程度。对绝大多数人来说，做到努力并不难，也是自己能完全掌控的，因此，努力就成了他们经常抓在手中的最后一根救命稻草。

努力本身是件好事，但是一旦努力成为行为的唯一标准，人们就容易将其他因素忽略掉，而只用努力来自欺欺人，如每天都加班，每天都学习，每天都写作，每天都锻炼……凡事每天坚持，一天不落，看起来非常努力，但至于效率是否够高，注意力是否集中，文章是否有价值，身材是否有变化似乎并不重要，因为只要努力，就能让他们心安理得，而这都是懒惰造成的。相对来说，努力是无痛的，能取代直面核心困难的思考，在这种状态下，努力反而为他们营造了麻木自己的舒适区。

第三层：能力。处于这一层次的人开始将注意力放到自身的能力上，他们能认识到努力给自己制造了麻木的舒适区，也因此愿意进行改变，但同时，这一步也很容易让人产生错觉，因为在他们知道"原来有方法去做"那一瞬间，他们也会产生"一切都可以搞定"的感觉，于是不再愿意花更多力气去踏实努力，他们沉迷方法论，收集方法论，甚至对各种方法论信手拈来，并且他们坚信，事情没做好，也是因为没有找到好的方法，可悲的是，他们最终成了那些"道理都懂，就是不做"的人，他们是真正的"语言的巨人，行动的矮子"。

第四层：信念和价值观。终有一天他们会明白，再好的方法也代替不了努力，也一定有人会明白，比方法更重要的其实是选择。因为一件事情要是方向错了，再多的努力和方法也没用，甚至还会起到反作用，所以一定要搞清楚"什么最重要""什么更重要"，而这些问题的源头就是我们的信念和价值观。

一个人若能觉知到选择层，那他多少可以说是有智慧了。在生活中，这类人一定愿意花更多时间去主动思考如何优化自己的选择，毕竟选择了错误的人和事，无异于浪费生命。

第五层：自我意识。如果说"信念和价值观"是一个人从被动跟从命运到主动掌握命运的分界线，那么"自我意识"就是更高层面的、主动的选择，所谓"自我意识"就是从自己的身份定位开始思考问题，即"我是一个什么样的人，所以我应

认知的驱动

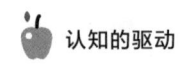

该去做什么样的事"。在这个视角之下，所有的选择、方法、努力都会主动围绕自我身份的建设而自动转换为合适的状态。这样的人可以说是真正的觉醒者。

第六层：使命。前面，我们已经提及生命的价值在于创造价值，而使命是人类最高级别的生命追求。如果一个人开始思考自己的使命，那他必然会把自己的价值建立在为众人服务的层面上。也就是说，人活着的最高意义就是创造、利他、积极地影响他人。能影响的人越多，意义就越大。当然，追求使命的人不一定都是伟人，也可能是万千平凡的大众，只要我们能在自己的能力范围内对他人产生积极的影响即可。有了使命追求，我们就能催生出真正的人生目标，就能不畏艰难困苦，勇往直前。

这个世界是有层次的，在NLP逻辑层次模型的帮助下，个体的成长便有了不同的呈现。

一层的人找环境问题，他们是抱怨者，口头禅是："都是你们的错。"

二层的人找努力问题，他们是行动派，口头禅是："我努力得还不够。"

三层的人找方法问题，他们是战术家，口头禅是："方法总比问题多。"

第02章
树立信念，你的高度取决于能否积极改变

四层的人找选择问题，他们是战略家，口头禅是："什么东西最重要。"

五层的人找身份问题，他们是觉醒者，常思考："我要成为什么样的人。"

六层的人找意义问题，他们是创造者，常思考："人活着是为了利他。"

现在，我们完全可以从这一模型中脱离出来，只需要记住"环境、努力、方法、选择、身份、意义"这几个关键词。借助这一标尺，我们就能清楚地认识到自己当前所处的位置，并能够感知当前的状态。

如果缺乏层次的指引，我们可能认为当前所处的状态就是最好的，也意识不到自己其实还有更好的选择。比如，当我们只知道"努力"这一招数时，可能不会主动琢磨"技巧和方法"，更不会探索"选择、身份和意义"了，甚至一叶障目，将当下的层次当成目标来实现，如认为自己要实现和做到的就是努力，而不是目标本身。

这样看来，一旦我们驾轻就熟地掌握这一框架，我们就真正实现了"自由"。在遇到问题时，我们就能主动放弃情绪化的抱怨，勤努力，找方法，做选择，建身份，明意义。

这正是让人感到喜悦的地方，原来我们还有这么多选择，

认知的驱动

特别是当我们能够从上至下地总览全局,能够从高维度看问题时,低维度的问题自然就消失了。所以对个体来说,最重要的事情莫过于找到人生目标和意义,想清楚自己应该成为什么样的人。这个问题一旦解决,我们自然就知道该怎么选择,找什么方法,如何努力。不用刻意追求,一切水到渠成。

不得不说,现代社会,人人都在追求知识,但是你可能反问过自己:掌握知识到底是为了什么?现在,我们学习了这一模型,就应该有了一个新的答案:知识可以让我们更好地审视自己和感知世界。有了感知,我们便能更好地定位和应对。那么,生活中的你,处于这个世界的哪一层呢?

第02章
树立信念，你的高度取决于能否积极改变

重视信念，在内心确立一个默认的身份

想了解"心理建设"，我们还得从作家詹姆斯·克利尔的《掌控习惯》这本书说起，他在书中描述了这样一个规律：即人的行为改变其实分为"身份—过程—结果"三个层次，且不同层次的努力会带来不同的结果。

为了更好地理解这一问题，我们以养成阅读习惯为例来进行阐述，绝大多数人想要养成阅读习惯时，都会自然地给自己定下这样的目标：每天阅读半个小时或每周读一本书。人们以为只要自己做到这些就可以养成习惯，实际上这只是盯着最浅层的"结果"去行动。最终的结局往往是为做而做，不了了之。少部分人会把注意力放到"过程"这个层面。他们不满足于做什么（What），还要探索怎么做（How）以及为什么要做（Why）。所以他们会花时间写下阅读的意义，让自己看到阅读的各种好处，他们会以改变为目的去阅读，让自己去输出、实践，把阅读的效果最大化。

如果能做到这一点,他们就已经很出色了,并且他们的收获也绝对远远高于普通人,但同时他们也需要强大的意志力做支撑。

然而,能看到"身份"(Who)这个层次的人更是寥寥无几,这部分人会主动从心理建设开始行动。他们会花大量的时间去思考:通过阅读,我要成为一个什么样的人。或者他们会暗示自己:我本来就是一个热爱读书、积极进取和勇于探索的人,如此一来,阅读对他们来说就会成为像吃饭睡觉一样的基本需求,成为自己不做就会难受的事。这个时候,哪里还需要去约束自己、强迫自己呢?

这个规律是普遍适用的,无论我们在哪个领域,想做成什么事,都可以置身于这个框架之下。

所以,那些能主动建立自己身份的人,才是真正的优秀者,他们肯花时间进行心理建设,能从下到上或从外到里地改变自己,经常对自己说:"你是一个干大事的人,因为如果你认为自己注定是平庸之辈,那你的内心将很难强大起来。"

因此,任何一个想要有一番成就的人,都是不会与"偷懒、嫉妒、贪婪、恐惧、浮躁、自卑"为伍的。当他们与"平庸之辈"遇到同样的困惑和困难时,便会主动做出不同的选

第02章
树立信念，你的高度取决于能否积极改变

择，绘制出不同的命运轨迹。而看不懂奥秘的人往往只会鄙视这种种"画大饼"式的行为，殊不知他们自身也是这类人。

当然，那些从"结果"层开始行动的人最终也可能做成事，他们依然会在"身份"上不知不觉地进行重塑，只是自己意识不到而已。

而这种从下而上、从外到里的重塑过程不仅痛苦、耗力巨大，也会使成功变得极不可控。甚至当成功真的来临时，他们也可能会因自己的"身份"准备不足而亲手把这个机会给毁掉。因为他们内心觉得自己配不上、承受不了。而被毁掉的对象包括且不限于财富、爱情、成功，以及上天赠予的各种好运。

所以，我们一开始就应该正视自己的心理建设，正视自己的身份建设，把潜意识心理的改造放到桌面上。毕竟在现实生活中，即使你不告诉自己应该成为一个什么样的人，在你内心其实也一直有一个默认的身份存在。

他可能是一个自卑的人、胆小的人、不敢相信自己会成功的人，只是你自己察觉不到而已。这样就不难解释，为什么很多人即使身已成年，能力也不差，但面对生活中的困难与选择时，仍是畏首畏尾，承担不起责任。因为他们内心依然认为自己是个孩子，潜意识里的自己并没有长大。

认知的驱动

潜意识的力量是巨大的，善用之就会成为我们成长巨大的推力，漠视之就会成为我们成长的巨大阻碍。你希望它是领着你跑还是拖着你走，全看你对它的态度是否积极主动。

行为和情感都是源于信念，而要想根除促成情感和行为产生的信念，就要问自己根除它的原因。对于那些你认为不可能做到的事，为什么不问问自己为什么这么认为呢？其实，只要细想，你就会知道，你认为"不可能"，只是在自欺欺人而已，你低估了自己的能力，只要你懂得扭转内心那些负面并且阻碍进取的信念，就能变消极为积极，实现自己的目标。

强有力的信念是能带来奇迹的，信念能使人们的力量倍增，如果失去信念，我们将一事无成。所以，当我们遇到困难时，要在心中建立一个成功的信念，这样，我们就能努力找到事物的光明面，然后用乐观的态度去寻找方法，将困难解决。

众所周知，达尔文是英国大名鼎鼎的生物学家，在他才九岁的时候就告诉父亲长大后一定要周游世界，要探索大自然。自此之后，他一直坚持初心，始终为这一梦想积极准备着，也因为如此，校长还曾经断言他是"不务正业""游手好闲"的学生呢！

直到1831年底，达尔文才有机会搭乘海军的勘探船，开

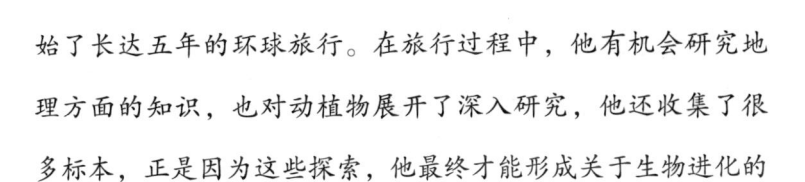

第02章
树立信念，你的高度取决于能否积极改变

始了长达五年的环球旅行。在旅行过程中，他有机会研究地理方面的知识，也对动植物展开了深入研究，他还收集了很多标本，正是因为这些探索，他最终才能形成关于生物进化的观点。

从1859年开始，他发表了很多关于生物进化的文章，也切实有效地实现了远大的人生理想。

如果不是因为从小就树立了远大的人生理想，并且为了实现理想而脚踏实地地努力，达尔文一定不会有后来的伟大成就。在漫长的人生之中，一个人也许会遭到他人的非议或者否定，但是无论置身于怎样的环境之中，都要坚定不移地相信自己。试想，如果一个人自轻自贱，又能奢求谁信任他呢？当然，这也并非是让我们完全无视他人的评价和建议，而是告诉我们要有的放矢地接受和采纳他人的评价和建议，更要坚定不移地相信自己。一个人唯有不欺骗自己，才不会被他人欺骗。一个人唯有怀着坚定不移的自信和积极的人生态度，才能对生活做出积极中肯的评价。

的确，人的潜力是无穷的，如果你对自己有足够的信心，你就会发现自己原来拥有无限的潜力，原来自己可以做到许多事情，如果你想有个辉煌的人生，那就扮演你心里所想的那个

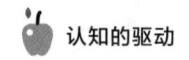

人，让一个积极向上的自我意象时时伴随着自己。

总之，信念是一种无坚不摧的力量，如果连你都认为自己注定是平庸之辈，那你的内心很难强大起来。当你坚信自己能成功时，你必能成功，许多人一事无成，就是因为他们低估了自己的能力，妄自菲薄，以至于缩小了自己的成就。信心能产生勇气，拥有信心是成功的前提，只有建立起自己的信心和勇气，才能以信心克服所有的障碍。

第02章
树立信念，你的高度取决于能否积极改变

你对人生的态度决定了你的高度

我们都知道，任何人的行为都是受思想指导的，因此，那些总是能在激烈的竞争大潮中独占鳌头、永争第一的人，都拥有着超前的人生态度，思路开阔、永不止步。一个人的人生态度往往决定了他会朝着哪个方向走，会走多远。如果得过且过，认为"做不到""不可能"，并且缺乏进取心的话，那么，他的人生只能庸庸碌碌。

态度影响行动，行动影响结果，这是一连串的因果效应。想成功，自然也要有敢于突破的信念，即使失败了又如何？大不了重新来过。

埃及人想知道金字塔的高度，但由于金字塔又高又陡，测量困难，为此他们向古希腊著名哲学家泰勒斯求助，泰勒斯愉快地答应了。只见他让助手垂直立下一根标杆，不断地测量标杆影子的长度。开始时，影子很长很长，随着太阳渐渐升高，影子的长度越缩越短，终于与标杆的长度相等了。泰勒斯急忙

认知的驱动

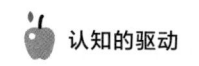

让助手测出此时金字塔影子的长度,然后告诉在场的人:这就是金字塔的高度。

那么,生活中的人们,你们人生的高度该怎样来测算呢?实际上,无论现在你处于什么样的境况,只要你不甘于现状,并积极为未来思考,寻找出路,就没有什么达不到的目标。你要相信自己,你有资格获得成功与幸福!

从前有位学者,带着学生们出门远行。

行至途中,他突然问学生:"有一种东西,速度比光还快,甚至能穿越我们的星球,到达远方,这是什么东西?"

"是思想!"学生们都争相回答。

学者继续问:"那么,还有一种东西,堪比龟速,沧海桑田、斗转星移,它依然是孩童模样,这是什么呢?"

此时,学生们都愣了愣,不知道怎么回答。

学者继续问:"还有一种东西,不进不退,不生不灭,始终定格在某个点,这又是什么呢?"

学生们更加茫然。

此时,学者才缓缓地说:"其实,这三个东西都是思想,细细看来,更是我们的人生啊。"

学者停顿了一会儿,然后解释道:

第02章
树立信念，你的高度取决于能否积极改变

"第一种代表的是积极奋进的人生，当一个人永远积极向上、奋力向前、对未来充满信心时，他的心灵就是飞速进步的，总有一天能一飞冲天。第二种是懒惰的人生。他甘于现状、落于人后，这种人注定被遗忘。第三种是醉生梦死的人生。当一个人放弃人生，他的命运是冰封的，再也没有机会会降临在他身上，所谓的快乐和痛苦，在他那里也就无所谓了。对于他们来说，机会不存在于现实世界，也不在梦境里……"

的确，播种怎样的人生态度，就将收获怎样的生命高度和深度。人在一生中，只有积极向前，才能使自己的生命更有意义，态度对于人生至关重要。

生活中的人们，如果你不想就此停滞不前，如果你渴望成功，渴望获得荣誉，就不妨从现在起，开始为你的目标积极思考吧，不要认为你办不到，不要存有消极的思想，你潜在的能力足以帮助你实现所有的梦想。

查理德天资聪明，记性非常好，一篇文章只要看两三遍，就能将其中的内容一字不差地背下来。邻居们都说他是神童，将来一定大有作为。

在周围所有人羡慕的眼神中，原本好学的查理德开始变得

自满，认为凭自己的天赋，即使不努力也可以有所成就。从此，他变得不思进取，每天和朋友一起吃喝玩乐。

起初，凭着自己的天赋，查理德确实显得与众不同，可几年之后，他在同伴中的优势已经没有了。当他决定重新好好学习的时候，却发现，他的智力已经与平常人无异了。

一个人的天赋是上天给的，但一颗积极进取的心，却是任何人都无法给予的。天赋再高，也需要努力和勤奋，否则，智慧会在玩乐中变成愚昧，聪明会在慵懒中变成迟钝，一世英明也会在不思进取中变成千古骂名。永远不要期望你可以不费吹灰之力就坐拥一切，天上不会掉下免费的馅饼，要想得到自己想要的一切，就必须靠努力使自己具备相应的素质和能力。

的确，生活中，不少人都充满理想，但一旦把自己的理想和现实联系起来的时候，他们就退却了，就认为不可能，而这种"不可能"一旦驻扎在心头，就无时无刻不在侵蚀着他们的意志和理想，许多本来能被他们把握的机遇也便在这"不可能"中悄然逝去。其实，这些"不可能"大多是人们的想象，只要你能拿出勇气主动出击，那些"不可能"就会变成"可能"。

第02章 树立信念，你的高度取决于能否积极改变

从现在起，你只需树立积极向上的人生态度，调动你所有的潜能并加以运用，努力提升自己的能力，便能脱离平庸的人群，为未来步入精英的行列打好基础！

认知的驱动

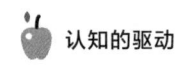

时刻觉知并审视自己的语言

自古以来，语言的重要性毋庸置疑，它是人际交流的重要媒介，如果正确运用语言的力量，就能帮助我们改变看待事物的视角。日本著名企业家稻盛和夫有个随其一生的习惯。他说："无论遇到什么事情都要感谢，即使碰到坏事、遇到灾难，也要心存感激，说声谢谢。"他甚至还强调："必须用理性把这句话灌进自己的头脑，就算感谢的情绪冒不出来，也要说服自己。"

语言和思维之间其实是双向车道，而非单向车道。如果你知道自己还可以在思维和语言之间"逆向行驶"，你的生活就会多出很多主动选择的机会。语言学家本杰明·沃尔夫说："语言塑造我们的思维方式，决定我们的思维内容。"德国最大的连锁超市奥乐齐的创始人也说："改变你的语言，就会改变你的想法。"

因此，我们每个人都要认识到语言的力量，要时刻关注并

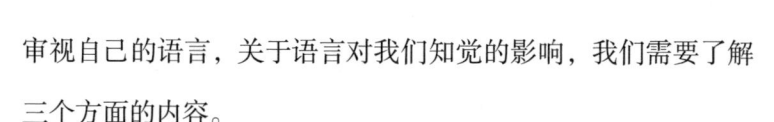

第02章
树立信念，你的高度取决于能否积极改变

审视自己的语言，关于语言对我们知觉的影响，我们需要了解三个方面的内容。

1. 外部表现会影响内部状态

影响我们思维和态度的不仅是语言，其他的外部表现也会对内部状态产生影响。比如，当你用牙咬着铅笔做出微笑的表情时，你会感觉更高兴，因为面部表情会向大脑传送关于感觉和情感的反馈。

另外，简单呈现某种姿势，我们也能改变自己的思想。可以保持舒适的姿势，让身体占据更多空间，这些能增强我们关于力量和控制的感觉。

世界上最伟大的推销员乔·吉拉德也曾说："当你微笑时，整个世界都在笑。"实际上，微笑给我们带来的，不仅是良好的人际关系和顺心的工作状态，更重要的是，我们在微笑的过程中，同时获得了一份好心情，有了好心情，自然万事如意了。

在日常生活中，若想获得好心情，你可以这样做：当你在生气的时候，可以找一面镜子，对着镜子努力做出微笑的表情，持续几分钟之后，你的心情便会变得好起来。这种方法叫作"假笑疗法"。

实验证明，这种方法很有效果。每天早上，如果你能先笑

认知的驱动

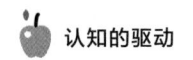

一笑,那么,接下来的一整天,你都会有好心情。

总之,当我们烦恼时,不妨"装"出一份好心情,多回忆曾经愉快的时光,用微笑来激励自己。正如英国小说家艾略特所说:"行为可以改变人生,正如人生应该决定行为一样。"

2. 切勿刀子嘴,豆腐心

从心理学角度看,刀子嘴的人不太可能有豆腐心。因为语言会影响思维,当刻薄的语言从嘴里说出来的时候,人的内心也会不自觉地变得刻薄。所以,与人沟通时,要记住"好言一句三冬暖,恶语伤人六月寒"的原则,要多说善意的话,让人产生积极的情绪,看到我们的素质和修养,从而对我们另眼相看。

在茂密的山林里,一位樵夫救了一只小熊,母熊对樵夫感激不尽。有一天樵夫迷路了,遇见了母熊,母熊不仅安排他住宿,还以丰盛的晚宴款待了他,翌日清晨,樵夫对母熊说:"你招待得很好,但我唯一不喜欢的地方就是你身上的那股臭味。"

母熊心里不快,说:"作为补偿,你用斧头砍我的头吧。"樵夫按要求做了。若干年后,樵夫又遇到了母熊,他问:"你头上的伤口好了吗?"母熊说:"那次疼了一阵子,伤口愈合后我就忘了。不过那次你说过的话,我一辈子也忘不了。"

第02章
树立信念，你的高度取决于能否积极改变

从这则故事中，我们发现，一句话对他人的伤害是难以消除的，说话时注意他人的感受，是一个人最基本的素质。人们对那些没有素质的人，往往都是敬而远之甚至是厌恶的态度。

的确，如果在与人沟通时都能文明说话，讲礼貌，少一些失礼的语言，不管对方是熟人还是陌生人，只要我们内心多一些善意，多说一些真诚祝福的话，我们的人际关系就会更加和谐，这样的和谐环境对我们的生活、工作都大有帮助。

3.美好人生，从好好说话开始

人们常说：思维决定行为，行为决定习惯，习惯决定性格，性格决定命运。

无论遇到什么事情，都要说积极的话；无论遇到什么任务，都要说和善的话；无论遇到什么问题，都要说开放的话。只要我们刻意练习，就能走向美好人生。毕竟从自己嘴里说出来的话，第一个听到的人是自己。听得多了，我们自己也就信了。

所以，请时刻关注并审视自己的语言：

无论遇到什么事情，说积极的话，不说消极的话；

无论遇到什么人物，说和善的话，不说刻薄的话；

无论遇到什么问题，说合理的话，不说绝对的话。

认知的驱动

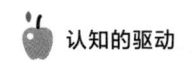

成功需要雄心壮志，而不是绝对的理性思维

对于成功，人们一直以来普遍认为，要想做成一件事，光有热情没用，还得用理性思维思考目标实现的可行性。这样的想法自然没错，只是很多人并不知道，在某些情况下，理性思维不仅不会成为达成目标的利器，反而会成为阻碍。

这或许会令一些人费解，毕竟在传统的观念里，理性思维是破解问题的利器，我们努力学习也是为了让自己变得更加理性，而现在却有了"理性无用"的说法，这到底是怎么回事？

理性思维的局限在于：它只相信自己所见所闻的一切事情，对于已知之外的未知，它会主动怀疑并排斥。因此，《意念力》的作者大卫·霍金斯告诫我们："理性，是将我们从低级本性的需求中解放出来的大救星，但同时也是一个严厉的看守，拒绝我们向智慧之上的层面逃离。"

是的，绝对的理性思维其实是有局限的，而且这种局限很难被人们察觉，它不仅会阻碍我们塑造自己的人生目标，还会

第02章
树立信念，你的高度取决于能否积极改变

在生活中的很多方面限制我们。如果我们能突破理性思维的屏障，很多人生问题都将迎刃而解。

所以，我们要想成事，最好不要在理性思维这条路上"一条道走到黑"，而应遵循"先感性，后理性，再感性"的模式。这与《人生算法》的作者喻颖正说的"人生最好的模式是长期乐观、短期悲观、当下愉悦"如出一辙。

理性思维的局限性在人生目标的实现上尤为明显，不难发现，我们生活的周围，很多人都对未来做出了各种各样的构想，但真正执行的人却少之又少。每每考虑到会有失败的可能，他们就退缩了。他们怕被扣上愚昧的帽子，遭到别人取笑；他们不敢爱，因为害怕不被爱的风险；他们不敢尝试，因为要冒着失败的风险；他们不敢希望什么，因为他们怕失望……这些可能会遇到的风险，让他们畏首畏尾，举步维艰，他们茫然四顾，不知道自己的出路在何方。殊不知，如果你连第一步都不敢开始的话，永远也不可能看到追求人生目标之路上的风景，这就是绝对理性主义者的"奋斗之路"，最初的雄心壮志在千思万虑之后反而令人彷徨、退却。要知道，世间的事情没有一件能绝对完美或接近完美，如果要等所有条件都具备以后才去做，只能永远等待下去。如果一个人一直在想而不去尝试，根本成就不了任何事。

认知的驱动

在一场战争中,一位将军的勇猛和坚毅,带领着军队坚持到了最后。

只要敌人的炮火稍微减弱,将军就指挥士兵们沿北面的斜坡往上冲。将军挥动着指挥棒,口中高声叫道:"我们赶上去吧,谁跟我一起上?"分散于斜坡上的士兵们听到后纷纷站起来,跟随他的脚步往上冲,当他们冲上山顶时,一阵枪林弹雨铺天盖地而来,大伙立即趴到地上,几个人当场牺牲。

当时的情景十分凶险,大多数人都趴在地上不敢动。望着倒在身边的尸体,将军大喊:"该是另一个将军献身的时候了!"便带头向前冲去。

只有6个人跟着他一起往前冲,但很快,他们一个接一个地倒下去,将军身边只剩下传令兵。

将军命令说:"无论如何也要前进!"他又向前跑去,但没走几步,一颗子弹击中他的左大腿,他摔倒在地,血流不止。

在这场战役中,将军的英雄表现让他获得了很高的荣誉,以表彰他在战场上的勇敢表现和突出战绩。

成功需要热情的自我鼓励,而不是绝对的理性分析,在很多时候,成功者与平庸者的区别,不在于才能的高低,而在于有没有面对的勇气。有足够勇气的人可以过关斩将,勇往直前，平庸者则只能畏首畏尾，知难而退。爱默生说："除自己以外，没有人能哄骗你离开最后的成功。"柯瑞斯也说过："命运只帮助勇敢的人。"

著名的数学家华罗庚曾说："只有不畏攀登的采药者，才能登上高峰采得仙草，只有不怕巨浪的弄潮儿，才能深入水底觅得骊珠。"我们都应该拥有这种无畏杰出的力量，都应该不怕面对命运的多舛，不惧经受风雨的洗礼，永远有直面挫折的勇气，在挫折面前做个打不垮的强者。

一位著名登山家曾经率队攀登喜马拉雅山脉的珠穆朗玛峰，才爬到半途，就有六位队友因雪崩而丧生，但是登山家仍然坚持向峰顶迈进，终于攀至顶峰，并由艾佛勒斯山谷滑雪而下，缔造了"最高滑雪者"的世界纪录。

登山家在最危险的时刻，曾说出几句充满哲理而发人深省的话："不论成功与否，已经可以肯定的是，此行将不可能有个欣喜的结束（因为队友的罹难）。"

"此刻我已经不畏惧死亡，比死亡更可怕的是失败。"

"我已经无法将'危险的前进'转变为'困难的后退'，所以只有选择前进。"

认知的驱动

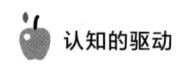

虽然这只是一位登山者在处于极度危险中、已无退路的情况下所说的话，但是何尝不能用在我们的人生中呢？我们可以把自己的一生看作这样一次旅途：不论成功与否，我们注定要死亡，所以必然不可能有欣喜的结束；但也正因为死亡已无法避免，成功才变得更为重要；而当生命无法倒退时，唯一的选择就是向前进。同样，还在思虑的你，是不是也该行动起来，奋起直追呢？

当然，要想获得成功，只有一腔热血还不够，你还需要做好计划，并加以实施。拿破仑曾经说过："想得好是聪明，计划得好更聪明，做得好是最聪明又最好！"任何伟大的目标、伟大的计划，最终必然要落实到行动上，成功开始于明确的目标，开始于良好的心态，但这只相当于给你的赛车加满了油。弄清了前进的方向和路线，要抵达目的地，还得把车开动起来，并保持足够的动力。

不管你决定做什么，不管你为自己的人生设定了多少目标，决定你成功的永远是你自己的行动。只有行动能赋予生命力量，只有行动能决定你的价值。

第02章
树立信念，你的高度取决于能否积极改变

如果你认为自己做不到，你就不可能做得到

我们在生活中可能有过这样的体验，在做一件事时，我们在心里缺乏自信，认为自己无法做到，而事情的结果真的是失败，真的是怕什么来什么。而其实，这是一种消极的心理暗示，我们会按照自己的心理预期来行动，所以，正如人们常说："谎言说一千次就会变成真理。"其实，暗示在本质上是人的情感和观念，并且会不同程度地受到别人下意识的影响。人们会不自觉地接受自己喜欢、钦佩、信任和崇拜的人的影响和暗示。这也是思想和认知对人的行为的影响，如果你认为自己做不到，你就不可能做得到，消极的心理对人的行为有破坏性的影响。

一头狮子醒来，愤怒地团团转，吼声震天，凶猛威严。

有只野兽和它开了个玩笑，在它的尾巴上挂上了标签。上面写着"驴"，有编号、有日期、有圆圆的公章，旁边还有个

认知的驱动

签名……

狮子很恼火。怎么办？从何做起？这号码、这公章，肯定有些来历。撕去标签？免不了要承担责任。

狮子决定合法地摘取标签，它满怀怒气地冲到野兽中间。

"我是不是狮子？"它激动地质问。

"你是狮子，"狼慢条斯理地回答，"但依照法律，我看你是一头驴！"

"我怎么会是驴？我从来不吃干草！我是不是狮子，问问袋鼠就知道。"

"你的外表，无疑有狮子的特征，"袋鼠说，"可具体是不是狮子我也说不清！"

"蠢驴！你怎么不吭声？"狮子心慌意乱，开始吼叫，"难道我会像你？畜生！我从来不在牲口棚里睡觉！"

驴子想了片刻，说出了它的见解："你倒不是驴，可也不再是狮子！"

狮子徒劳地追问，低三下四，它求狼作证，又向豺狗解释。当然不是没有同情狮子的动物，可谁也不敢把那张标签撕去。

憔悴的狮子变了样子，为这个让路，向那个低头。一天早晨，从狮子洞里忽然传出了"咹啊"的驴叫声。

第02章
树立信念，你的高度取决于能否积极改变

一头凶猛的狮子，由于自身贴上了"驴子"的标签，受到其他动物话语的影响，在心底产生了消极暗示，逐渐失去了自信，最后真的把自己当成了驴。

消极的心理暗示往往会带来巨大的负面作用，甚至会让人失去自我。在现实生活中，消极的心理暗示很容易让人把事情变得更糟。

一般情况下，大多数人都有可能在某个时期的某个特定情景下出现一些暂时性的消极心理，如有的中年女性因更年期来临而出现嫉妒、压抑和情绪不稳定等消极状态；有些孩子因受家庭的影响表现出狭隘、自私等消极心理。如果这些消极的心理状态不断强化和积累，严重到一定的程度，就会变成一种相对稳定的心态，此时其心理和行为就会与周围其他人有明显的差异，就会对事物产生一些反常的、特殊的，或者过于亢奋、过于消沉的行为反应，因此也会对生活和工作产生严重的消极影响。

所以，我们要想做成一件事，首先必须要摒弃消极心理，并且要保持乐观正面的心态，对自己进行积极的自我心理暗示，在心中构建成功后的画面，那么，潜意识就会接收你的指示，然后按照你的指示去行动，最终你必定能成为一个真正有所作为的人。一个人的信念将会在自己的心中生根发芽。

认知的驱动

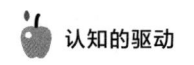

通过自我想象，你完全可以相信奇迹的发生。比如，古时的人们认为通信只能是飞鸽传书或者是骑马送信，而现在一封电子邮件就能将你所有想说的话在第一时间内传达给对方；很久之前，人们认为要登月简直是无稽之谈，但这一幻想也实现了；古时人们远游一次要花上几个月乃至几年时间，但是现在只要几个小时的飞行，你就能置身于异域风情之中。

并不是所有人都会相信自己一定会成功，但是最后的成功者都是敢于想象的人，因为他们知道，只要自己相信目标能够实现，潜意识就会把这个目标吸引到我们周围，最终引领我们创造奇迹。

所以，生活中的人们，如果你正在为一件事努力，那么不妨想象一下自己成功后的样子，你要相信自己一定能成功，一定能做到，你便能将压力转化成动力，便会产生超越自我和他人的欲望，并将潜在的巨大内驱力释放出来，进而最终获得成功。为此，你需要记住以下两点。

1. 鼓励自己，给自己打气

任何时候都要给自己打气，确立必胜的信念。心中默念：我想我可以，我可以坚持下去。冲破一切艰难，不要让你的目标消失在你的信念里，一直给自己打气，把眼前的事情一件一件地做好，那么，你就能以良好的状态达成目标。这个过程一直需要有必胜的信念引领着你前进。

2. 以积极的心态迎接挑战与困难

一个人如果拥有积极、昂扬、向上的精神状态，即使身处逆境，也不会感到绝望，不会轻言放弃，能够坦然面对困难，并积极寻找解决问题的办法。其实，人生中的许多事，只要想做，并坚信自己能成功，那么你就能做成。

第 03 章

摆正心态，
清除成事路上的负面心理

我们都想要过上安逸的生活，然而，得过且过、满足于现状的人，永远只会活在自我窄小的圈子中，看不到希望的曙光，很难有出头之日。成功的人都有着远大的目标，有着前进的动力，有着不断挑战自我的决心。他们不畏惧困难，不得过且过，没有混日子的心态，这是一种责任意识，也是一种生活态度，所以成功不属于他们属于谁呢？我们在奋斗路上要摆正自己的心态，消除负面心理，给自己适度的压力，才能走出舒适圈，取得一番成就。

如何在"负面偏好"影响的世界里过得更快乐

不得不说,现实生活中,我们终其一生都在寻找幸福和快乐,但是幸福和快乐就像是坐过山车,忽高忽低,高兴时冲上云霄,沮丧时跌入谷底。幸福有时候也像是一阵风,你不知道它会从哪里刮过来,也不知道它最终会去往哪里。幸福和快乐更不会嫌贫爱富,无论你是贫穷还是富贵,只要你愿意,它就会降临,富贵的人也会有烦恼和痛苦,清贫的人也能享有幸福。但是,为什么有人总是不快乐?

这是因为人们都有"负面偏好"。"负面偏好"是一种正常的心理现象,意思是相对于一般的信息和事件,人们会更容易注意到那些负面的信息和事件,我们之所以有负面偏好心理,是因为负面的事情对我们生存的影响更大。心理学研究表明,负面偏好其实是人类祖先在进化过程中给自己留下的保护自身的一件利器。在远古时代,环境艰苦,人们生活困难,到处危机四伏,除了要对抗那些吃人的野兽,还要注意部落间的

认知的驱动

侵吞和袭击、本部落内的仇杀，以及灾荒、疾病，这些都是影响生存和繁衍的大事。

因此，为了更有助于我们生存和繁衍，负面偏好这个心理就被保存下来了。我们之所以形成负面偏好心理，不是因为它们能让我们更幸福，而是因为它们能帮助我们传播基因。

现代社会已不像远古时代那么危险。当然，坏事仍然经常发生，但无论频率和后果都无法和远古时代相比。可我们的负面偏好本能并不愿意闲着，遇到一点坏事的蛛丝马迹，它就仍然要迫不及待地跳出来，忠心护主。于是，我们怕领导就像以前怕长老，领导言辞稍有不满就心惊肉跳；一门考试不及格，就怕得好像以前不会打猎，就只能坐等饿死；一个任务失败了，就怕得好像以前没注意饿虎拦路，吓得心胆俱裂。当然这些也不是什么好事，但我们的反应往往过头了。这就造就了现在社会人的另一种心理现象：焦虑。

当你看到半杯水的时候会想"还有半杯水"还是"只剩半杯水"？

当你看到孩子的成绩一科目90分，另外一科目50分，你的关注点在哪？

当你今天大部分时间都过得很平顺，但是被客户训斥了，你会一天心里都存在阴影吗？

第03章
摆正心态，清除成事路上的负面心理

……

事实上，这些不好的事情充其量只占一天中的十分之一，但是它们却霸道地占据了我们的意识。因为"负面偏好"会使我们把注意力更多地放在负面的信息和事件上，不自觉地忽略太多正面、美好的事情。

所以，我们要想在"负面偏好"影响的世界里过得更快乐，还得学会进行自我调节。

列夫·托尔斯泰说："幸福的家庭都是相似的，不幸的家庭各有各的不幸。"但我想说：幸福的人各有各的幸福，而不幸的人都是相似的，因为他们都是"身在水中却看不到水的鱼"。要想变得更快乐，我们就要成为一条能看到水的鱼。

对于生活中的种种，娜娜总是充满了不满。当初，她不顾家人的反对，嫁给了和她爸爸年纪相仿的成功人士张亮，从此过上锦衣玉食的阔太太生活。张亮的确对娜娜很好，不管娜娜想要什么，张亮都无条件地满足她。然而，曾经物质匮乏的娜娜在获得物质上的极大满足后，很快就开始对物质感到厌倦乏味。看着人到中年的张亮，正如鲜花般绽放的娜娜总是感到悲哀，甚至有时候她想要出去旅行，张亮都觉得力不从心，不愿意四处奔波，只想待在家里安享天伦之乐。尤其是在他们的儿

认知的驱动

子皮皮出生之后,张亮更觉得自己人到暮年,只想过安稳的生活。娜娜对此怨声载道。

在生完儿子后的一年中,娜娜患了严重的抑郁症。她看谁都不顺眼,尤其是当看到继子满屋子晃荡时,更是疑心他会对皮皮做出什么不好的事情来。渐渐地,娜娜的脾气变得越来越古怪,甚至开始疑神疑鬼,几乎每天都要呵斥保姆,还会找各种理由与张亮吵架。终于,张亮感觉到娜娜的反常,并建议她去看心理医生。在心理医生的疏导下,娜娜渐渐意识到自己始终保持着与外界对抗的状态,而要想得到真正的幸福,就应该发自内心地接受现状。

就这样,娜娜开始试着改变心态。她不再像防贼一样防着继子,而是相信继子能够成为一个好哥哥。至于张亮,无论如何都是她自己选择的人生伴侣,虽然他不像年轻人那样精力充沛,却给予了她无尽的关怀和爱护,给了她无微不至的照顾和优越的生活条件。想到这里,娜娜怀着感恩之心对待家里的每个人,自己的心情也渐渐好起来。很快,那个青春阳光善良的娜娜又回来了,家里再次充满欢声笑语。

娜娜的生活是苦闷的,尤其在生完孩子之后,生理和心理的双重因素更使得她情绪低落,郁闷烦躁,变得不知道如何对

第03章
摆正心态，清除成事路上的负面心理

待身边的人。整个家庭的氛围都因此变得异常紧张，这也给张亮带来了很多烦恼。幸好张亮及时发现问题，建议娜娜去咨询心理医生，接受心理治疗。在心理医生的帮助下，娜娜改变了心态，怀着感恩之心对待张亮，怀着宽容之心对待继子，最终她找回了内心的宁静。这样一来，虽然外界的客观环境并没有明显的改变，但是娜娜的心情完全改变了。她从抑郁到快乐，重新找回了属于自己的人生。从这个事例中我们不难看出，其实我们对于外界的反映完全取决于自己的内心。这个世界上并不缺少美，而只是缺少发现美的眼睛。假如我们能够积极地调整心态，让自己拥有真善美的心灵，那么折射在我们心中的整个世界，都会变得美好无比。

习惯于幸福的人会每天对自己说："今天的天气真好，一切都会顺利的。"而不幸的人会说："今天一切又不会顺利。"有时候，幸福对于我们来说只是一种选择，谁也不能决定你的幸福，只有你自己能。

幸福隐藏在琐碎的事情之中，就如同点点粉末落在日常事物之中，如果我们的眼光过于高远，就看不见那些随处可见的阳光。所以，别计较太多，如果我们每天都细数自己身边的幸福，幸福的指数就会一直上升，最终成为一种习惯，伴随我们左右。

认知的驱动

真正的成熟，要先从抛弃二元对立开始

这个世界上，"是"与"非"、"黑"与"白"之间，我们真的可以明确界定吗？事实上，对于一些非原则性的事，我们不必锱铢必较，而在社会交往中，如果一个人眼里只有是非黑白、观念极端的话，是很容易处处碰壁的。中国人素来信奉"中庸"之道，这里所谓的"中"是指我们认识事物、看待问题要不偏不倚，所谓"庸"是指我们要能够包容，要能够容忍别人。所谓"中庸"就是指我们要不偏不倚，全面地而不是片面地，公平地而不是偏心地，公正地而不是先入为主地去对待其他人和事情，同时与人交往时要能够包容别人的缺点，容忍别人的不足，要有海涵别人的心。"中庸"是古代做人的最高行为准则，"中庸"也就是哲学上讲的那个"度"。

通俗点讲，"中庸"的做人艺术，首先就要求人们做到摒弃极端主义。这个世界并不是非黑即白，非对即错的，我们首先要认识到这一点。

第03章
摆正心态，清除成事路上的负面心理

另外，从我们自身角度来看，任何事情都有一个变化发展的过程，此刻你的不如意并不代表你一生都将不幸，此时你满面春风并不代表你一生都将顺利，虽然我们不能掌握变化无常的事态，但我们可以掌控自己的心态。"不以物喜，不以己悲"这种通达圆润的心态，正是现代人要追求的。

要做到"中庸"，还需要避免两个错误。

1. 灵活运用二元对立

我们从二元对立的世界走向复杂的世界，并不意味着二元对立完全错误。有时，当我们面对无法取舍的问题时，将其设定为二元对立问题，可以帮助我们迅速得到结果往前走。因此，我们要学会灵活运用二元对立。

2. 担心失去自我

要允许自己不喜欢的人或事出现在自己身边，要能够忽略或忍受一定程度的混乱，并与之和平相处，进一步从他们身上发现优秀的品质，或从不利的因素中找到对自己有利的因素。

诸葛亮去世后，刘禅任用蒋琬主持朝政。蒋琬有个叫杨戏的属下，性格孤僻，不善言语。蒋琬与他说话，他也是只应不答。有人看不惯，在蒋琬面前嘀咕说："杨戏这人对您如此怠慢，太不像话了！"蒋琬坦然一笑，说："人嘛，都有各自的

认知的驱动

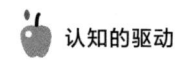

脾气秉性。让杨戏当面说赞扬我的话，那可不是他的本性；让他当着众人的面说我的不是，他会觉得我下不来台。所以，他只好不做声了。其实，这正是他为人的可贵之处。"后来，有人赞蒋琬"宰相肚里能撑船"。

的确，这个世界上，不同的人有不同的秉性，真诚地表达自己，才是为人的可贵之处。世界上的任何人和事，都没有绝对的是非善恶，宽容别人就是尊重别人，即使别人犯了什么错，也不要一棍子将人打死，谁没有犯错的时候？有句话说："谨慎使你免于灾害，宽容使你免于纠纷。"我们待人理应如此，要学会宽容别人。宽容是种高尚的善意，它能使人换位思考，处理好人际关系。我们应该以礼待人。若无宽恕，生命将永远被永无休止的仇恨和报复所控制。我们只有善于团结，才会得到友善的回报！

总之，生活中的人们，凡事没有绝对的是非黑白，理解别人，宽容别人，能以博大的胸怀去对待别人，就会让世界变得更精彩。因为"退一步海阔天空，忍一时风平浪静"。

适度的压力，有助于保持良好的状态

提到花菜，相信我们都不陌生，但是如果有人告诉你它有毒，你一定会惊掉下巴，对于这一问题，我们需要向大家解释一番。花菜一直以味道鲜美、富含维生素C、具有一定抗癌作用而被大众喜欢，然而，它的抗癌作用来源于一种物质——萝卜硫素，这类物质起初是为了防止昆虫或其他动物啃噬而存在的，但在被人食用之后，会激活人体细胞的应激反应，这些应激反应中包含酶促反应，而酶促反应会增加抗氧化酶的含量，这才是多吃花菜可以使我们更健康的真相。不过，这背后还隐藏了一个重要的成长真相，那就是主动改善自己的人生态度，能让我们永葆活力。

使人保持健康的核心不在于是否有害，而在于微量的有害物质有时反而能让我们更健康。也就是说，太大的压力和毫无压力都不是最好的生活状态，适度的压力才是。

在说到这一问题时，我们要提到近几年比较火的"熵增定

认知的驱动

律"。我们都希望找到事少、钱多、离家近的工作,希望找到容貌佳、家境好、性格优的伴侣,过上财富自由、随心所欲的生活。但这是违背熵增原理的。

也就是说,我们都处于一定的能量状态之中,如果不去主动维护,它就会变得混乱和无序。这包括我们的身体、婚姻和工作等。世界上不存在固定不变的舒适区,如果不施加能量维护,舒适区就会消失瓦解。所以,人无远虑,必有近忧,适度的压力对于保持良好的状态是有益的。并且,当我们遇到太多目标时,要学会适度地降低期望,放弃欲望,给自己减压。

毫无疑问,在一切都飞速发展的现代,几乎每个人都生活在重重压力之下。面对压力,很多人都避之不及,而压力来临时,他们会感到焦躁、抑郁,甚至因无法承受而一蹶不振。而其实,我们未曾想到的是,每个人都是伴随压力成长的,因为压力教会我们承担责任,在成长的过程中,我们每天都在往自己的肩上增加砝码,我们希望自己能够承担起越来越多的责任,我们希望获得认可和成功。没有压力,就不懂得什么是责任;没有压力,人就容易变得轻浮。因此,我们每个人都要学会正视压力,认识到压力的正面作用。

一艘卸货后的货轮在浩瀚的大海上返航时,遇到了可怕的暴风雨，水手们顿时惊慌失措，但是经验丰富的老船长却命令水手们立刻打开货舱，往里面灌水。一位年轻的水手质疑道："船长是不是疯了，往船舱里灌水只会增加船的重量，使船下沉，这不是自寻死路吗？"

其他水手们看着船长严厉的脸色，还是按照命令做了，随着货舱里的水位越升越高，随着船一寸一寸地下沉，依旧猛烈的狂风巨浪对船的威胁却一点一点地减少，货轮渐渐平稳了。

水手们终于松了一口气，此时，船长才缓缓说："百万吨的巨轮很少有被打翻的，被打翻的常常是根基轻的小船。船在负重的时候，是最安全的；空船时，才是最危险的。"

这就是人们常说的"压力效应"。对于那些整日得过且过，没有一点压力的人来说，他看起来似乎非常轻松，十分惬意，但终究是经受不起风吹雨打的幼苗，是风暴中没有载货的轮船，人生的风浪往往会把他们打翻。

我们在看清压力的积极作用的同时，也不应过分夸大它积极的一面。要正确认识压力，处理压力。

一次，一位讲师讲到课题——压力管理时，拿进来一个水杯，然后问下面的听众："各位认为这杯水有多重？"

认知的驱动

听到这样的问题，大家纷纷发表自己的看法，有的说是20克，有的说100克，有的说500克……

过了一会儿，讲师才开口说："其实，我问这个问题，并不是要让大家非要了解这杯水的重量，这个问题并不重要，重要的是，这杯水你可以在手上拿多久，是一分钟，还是一个小时，或者是一天？也许大部分人可以拿一小时，几个小时，但如果是一天，也许就要叫救护车了。其实这杯水的重量是不变的，但是你拿得越久，就觉得越沉重。"

听到讲师这番话，台下的人都有些纳闷，看到大家的反应，讲师向大家提出了一个问题："这与我们今天的压力管理主题有什么关系呢？"

台下的听众都陷入了沉思，突然有一位听众站了起来，回答道："老师，我想这与压力管理有两方面的关系。一方面，就如同这杯水，刚才有的人说500克，也有的人说20克，面对相同的压力，不同人的感受是不同的。这说明压力的大小不完全取决于压力本身，同时也取决于我们心里有多么看重它。"讲师一边听一边点头，台下的其他听众也觉得很有道理。

这位听众顿了顿，然后继续说："另一方面，就是这水杯对我们身体造成的压力，就像我们承受压力一样，如果我们一直把压力放在身上，不管压力是大是小，我们都会觉得压力越来越沉重，以致最终无法承受。我们必须做的是，放下休息一下后再拿起这杯水，如此我们才能够拿得更久。"

在生活和工作中，很多貌似沉重的东西本身的分量并不一定很重，而是因为我们把它看得太重。放松心态，你会发现多数烦恼是不值一提的。"生活不是苦难的修行"，面对诸多生活的压力，你要懂得管理压力，更要学会放下压力。生命是自己的，不要让过高的追求压得自己喘不过气来。选择一个适合自己的目标，在赶路时看看风景，你会发现也许最美的风景不在顶峰。

心理学家曾说过："人是最会制造垃圾污染自己的动物之一。"正如清洁工每天早上都要清理人们制造的成堆、有形的垃圾一样，我们要想彻底消除倦怠，就必须经常反省自己，时刻清理心灵和头脑中那些烦恼、忧愁、痛苦等无形的垃圾，真正让自己时刻心如明镜，洞若观火，以最好的状态投入生活和工作。

那么，在压力面前，我们该怎样调适呢？下面是几条建议。

1. 自我暗示

采取这种方法，可以抑制不良情绪的产生。比如，你可以告诉自己"我是最棒的，沉住气，别紧张，胜利一定是属于自

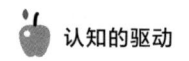

己的"。这样你就能增强自信心，情绪就会冷静，就能遏制冲动，避免不良情绪造成不良后果。

2. 自我激励

这是用理智控制不良情绪的又一良好方法。恰当运用自我激励，可以给予人精神动力。当一个人面对困难或身处逆境时，自我激励能使他从困难和逆境造成的不良情绪中振作起来。

3. 心理换位

这也是消除不良情绪的有效方法。所谓心理换位，就是与他人互换位置角色，即俗话所说的将心比心，站在对方的角度思考、分析问题。通过心理换位，来体会别人的情绪和思想。这样有利于消除不良情绪。

总之，一个人如何面对压力和困难，体现了他情商的高低，在压力面前，我们只有学会调适，才能及时卸下包袱，继续上路！

好的生活状态是始终游走在舒适区的边缘

生活中，人们常说"知足常乐"，这是一种对幸福的感知，但一些人却曲解了其中的含义，将其与"安于现状"混淆，他们毫无危机感，对现在的处境感到非常乐观，他们认为既然有了一份好工作，还担心什么呢？既然已经找到人生的另一半，就该放弃拼搏了；既然工作上已经取得了这么大的成绩，该好好地放松一下了……然而，当今社会，创新已经成为企业、社会、国家发展的重要主题，每一个角落都需要知识、需要创新、需要正确决策、需要科学管理。我们个人也必须提高警惕，不要满足于现状，只有不断努力，才会不断完善和充实自己。

鲁迅先生说过："不满是向上的车轮，能载着不自满的人类前进。"满足是成功的绊脚石，我们要不断地归零，不断地进取。人要有欲望，不满足于现状是进步的先决条件，唯有不自我满足的人才能不故步自封，从而拥有前进的动力。要追求

认知的驱动

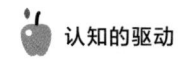

更好，时刻超越自己，才能在人生的旅途中找到成功的路，创造一个更美好的人生！

据社会学专家预测，未来的社会将变成一个复杂的、充满不确定性的高风险社会，如果人类自由行动的能力总在不断增强，那么不确定性也会不断增大。生活中的你应该意识到，各种变化已经在我们身边悄然出现，勇敢地投身于其中的人也越来越多了，如果你不积极行动起来，缺乏竞争意识、忧患意识，安于现状、不思进取，就会被时代抛弃，被那些敢于冒险的人远远甩在后面。

可见，在个人发展的问题上，我们一定要积极进取，多学习其他领域的知识，才能防止自己始终陷于舒适区。

小李在北京一家广告公司工作，有一次，他去上海找一位大学同学，这位大学同学刚毕业时和小李境遇差不多，但在上海打拼多年，他已经找到一份很好的工作，并且月薪上万，娶了一位很好的太太，生活过得有滋有味，这让小李很是羡慕。

小李这次是因为出差来上海，顺便去看看老同学。老同学带小李来到一家五星级酒店用餐。虽然知道他不缺钱，但小李认为也没必要如此铺张。所以，小李对他说："都是熟人，随便找个地方吃点算了。"

他看出了小李的意思,便说:"我不是打肿脸充胖子,到这个地方对你对我都有好处。"

小李不解地问:"什么好处?"

他说:"可能我的想法不对,但我认为,这是一种督促自己的方法:只有到这种地方来,才知道自己的财富还不足,你才会努力改变自己的现状。如果你总去小吃店,就永远也不会有这种想法,我相信只要努力,总有一天我会成为这里的常客。"

接着,他说:"我们公司老板一直看不起胸无大志的人,他曾对一职员说:'你满意现在的职位吗?你满足现在微薄的薪水吗?'当那位职员答复已觉得满意时,老板马上把他开除了,并很失望地说:'我不希望我的手下因满足于现状而终止他的前途发展。'"

听了他的话,小李深有感触,虽然他的话不一定对,但他那种不满足于现状的生活态度是值得学习的。

从这个实例中,我们也应该有所感悟,永远不要满足于现状,只有不断进取才会让自己做到更好。平凡的人之所以一无所成,就是因为他太容易满足而不求进取,一旦得到舒适安逸的位置,便混吃等死。这样,他只会盲目地工作,挣取勉强温

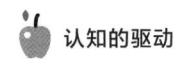

饱的薪金，最终也只能碌碌无为。追求成功的人，则会尽力寻求不满足的地方，以发现自己的缺点。

古人云："居安思危。"那些成功者无不把这四个字当成人生的座右铭，"居安思危"不一定适合每个人，但"居安思变"却是每个人都能做到的。

曾有人说过："一个人如果自以为已经有了许多成就而止步不前，那么失败就在他眼前了。许多人一开始奋斗得十分起劲，但前途稍露光明后，便自鸣得意起来，于是失败很可能接踵而来。"所以，切莫得意忘形，我们必须更加积极奋发，以使成绩永久不坠。

为成功奋斗的人们，从现在起，你只需树立一个正确的理念，并调动你所有的潜能加以运用，便能脱离平庸的人群，步入精英的行列！你应该记住以下几点。

1. 关注未来，不要满足于现状

独具慧眼的人，往往具备人们所说的野心，他们不会因眼前的蝇头小利而放弃追求梦想，他们会用极有远见的目光关注未来。

2. 为自己拟定各阶段的目标与规划

即期目标（1~30天）：一般来说，这是最容易设定的目标。它们是你每天、每周都要确定的目标。当你每天睁开眼醒来时，你就需要告诉自己：今天我要达到什么样的突破，完成什么样的目标。而当你有所进步时，它能不断地给你带来幸福感和成就感。

短期目标（1~12个月）：这些目标就好比是在一场淘汰制歌唱比赛中预赛的胜出，它能鼓舞你不断努力、不断前进。这些目标提示你，成功和回报就在前方，要鼓足干劲，努力争取。

中期目标（1~5年）：也许你希望自己能拥有房子、车子、升职机会等，这些就属于中期目标。中期目标能起到激励作用，将你在这个阶段所做的事情与中期目标结合起来，可以增强做事的信心和决心。

长期目标（5年、10年或15年）：这个目标会为你指引前进的方向，因此，这个目标的好坏，将决定很长一段时间你是否在做有用功。当然，长期目标还要求我们不可拘泥于小节。有时候东西离你越远，就显得越不重要。

认知的驱动

以正确的心态提升自己

前面，我们承认了压力对进取的重要性，并且鼓励人们走出舒适区、积极提升自我、获得认知和能力的进步。然而，一些人提升自己的目的并不在于此，而是为了所谓的名利，甚至不惜付出最为昂贵的代价。

吴起是战国时代的名将，谋略超人，但同时他也痴迷于名利。为了求名，他不择手段。为了赢得鲁国的信任，他竟然杀了携带大量金银珠宝与自己共患难、私奔的妻子，就因为他的妻子是鲁国的敌国——齐国人。事后，他终于成名，但不幸的是，他却总遭小人暗算，跌下神坛，三起三落。因求名而得名，他做到了；然而，盛名之下其实难副，因名丧命，他最终还是失败了。

然而，现代社会中类似于吴起的人并不少见。诚然，社会竞争之激烈要求我们做到不断充实自己，否则我们将会被社会淘汰，但如果一味地以追名逐利为目的，那么，在不断追逐的过程中，我们终将失去自我而成为名利的奴隶。因此，我们需要常常自省，检查自己的行为与思想是否偏离了人生的轨道。下面是一位人民教师的日记。

看着同学们一个个高升，自己也曾做过美梦，但很快这些就成为遐想。因为我属于没钱没权的那一类。曾经一位老师对我说："请将目光转向内心世界，我们不一定会成为'名'师，但有可能成为'明'师。"是啊，校园本是一方净土，我们不但是知识的传播者，更是美好灵魂的传递者。

让我们审视自我，看看自己的灵魂是否曾被玷污。淡泊名利，提升自我，是否已成为我们成长的选择？

自己曾经为了职称的评定而四处奔波，打分、证书、年度考核等令我身心俱疲。一年的奔波，让我变得"聪明"，让我变得那么渺小，让我看清了这个世界，打破了儿时那种天真烂漫的纯洁。看着自己随波逐流，看着自己被同化，我的内心不禁产生了一种伤感。

淡泊名利，提升自我。为了成为一名"明"师，我正在像

认知的驱动

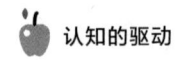

蜗牛一样慢慢地爬行，在前进中我结识了好多朋友。蓦然间，我感觉天很蓝，空气是那么新鲜，阳光是那么明媚……

的确，现实生活中，有多少人和这位教师一样，考尽了证书，为了各种考核，不得不废寝忘食地学习。这种充实自我的精神是值得学习的，但我们学习、奋斗的动机决不能是名利，而是更好地发挥自我价值，丰盈自己的内心。

实际上，我们的生活中还有另外一类人，他们习惯抱怨没有机遇，抱怨工作忙碌、抱怨工作没有前途等，但如果问他们准备怎么改变的时候，大部分人都会哑口无言，不能说出具体的方案，或者干脆悲观地说："没办法，过一天算一天吧。"为什么会这样？因为他们没有付出汗水，没有鞭策自己的动力，结果只能生活在他们不喜欢的世界上，忍受着失意的折磨，靠发牢骚打发无聊的时光。

那么，现实生活中的人们，该如何以正确的心态提升自己呢？

1. 为自己制定一个合适的目标和计划

不追名逐利，并不意味着我们要庸庸碌碌，放弃自己的梦想。的确，任何一个人都有梦想，但并不是所有人都实现了梦想，其中一个重要的原因就是有的人并没有规定自己要在一定的期限内完成自己的目标。于是，随着时间的推移，他们的梦想只能逐渐搁浅。我们常说没有做不到，只有想不到。也就是说，没有不合理的目标，只有不合理的期限。所以，在你设立目标的同时，一定不能忘了为你的目标设定一个期限。

比如，如果你的目标是写一本书，但是你并没有给自己一个期限，那么，你就会无限制地拖延下去。而如果你给自己定一个期限，如一年、两年，或者三年，那么你就会按照这个期限来约束自己，在规定的时间内完成任务。

当然，我们所设置的这个期限需要有一定的紧迫性，才能鞭策我们；但同时还得合理，任何一件事的完成都不可能一步登天。

2. 经常为自己充电

"活到老，学到老"这句话对现代社会人而言是十分重要的。无论是拿出业余时间去深造，还是在工作中不断学习，我们都应该展开思索与行动，为自己量身打造一个充电计划，使自己最终拥有纵横职场的能力。只是我们要做好职业定位再付出努力。

3. 常自省

你是否因为周围人的升迁、加薪而触动？你是否为了赶超

认知的驱动

他们而采取过措施？你是否想过一夜暴富？如果有这样的想法，那么，你最好停下脚步，告诫自己，不要迷失了人生的方向。这样，你才能潇洒地看待人生。

一劳永逸是不切实际的愿望

现实生活中，我们都有自己的目标和梦想，一些人也表示自己想改变现状，想实现梦想，但是他们却宁愿过着按部就班的生活，当一天和尚撞一天钟。这样，不但无法成就人生的精彩，而且会使我们的人生永远陷入低潮，永无出头之日。如此深刻的绝望，必然会对我们的人生造成伤害。

相反，那些取得成就的人，是一直在不断拼搏和自我超越的，毋庸置疑，每个美好的人生都并非从天而降，只有当我们不断奋斗，坚持不懈，持之以恒，而且能够咬牙走过坎坷泥泞时，我们才有可能迎来人生的辉煌。

曾经有一个科学家进行过一项奇怪的实验。他把一只青蛙放入沸水，青蛙马上从沸水中跳出来逃生。然后，他又准备了一锅冷水，把青蛙放入其中，然后在冷水下烧起微弱的小火苗，持续地加热。这一次，青蛙感觉水温很舒服，根本没有想逃出来的意思。它在水中自由地游来游去，等到发现水温过热

认知的驱动

想要逃离的时候，才发现自己失去了跳出去的力量。根据这个现象，有心理学家提出"温水煮青蛙"的理论。这个理论的意思是说，越是困厄的逆境，越是能够激发人的斗志，让人迸发出潜能，获得良好的成长机会。而如果一个人已经习惯了生活在安逸之中，他的斗志就会被消磨，他甚至根本不想去改变，他的人生也就注定碌碌无为。

不难发现，一些人不愿意改变自己，往往是舍不得放弃目前的安逸。而当你发觉不改变不行的时候，你已经失去了很多宝贵的机会。因此，即使你现在每天衣来伸手饭来张口，你也必须要明白，未来社会，你必须要一个人生存、参与社会竞争，你必须要有随时改变自己、更新自己的意识。

古人云："生于忧患，死于安乐。"正是这个道理。在古代，司马光在创作《资治通鉴》的时候，整日废寝忘食，根本不舍得浪费宝贵的时间睡觉，只有实在困得不能支撑下去时，他才会小睡一会儿。然而，温暖舒适的床，使他总是不知不觉间就睡得太久。因此，司马光为自己准备了一个圆木做成的枕头，这样一来，一旦他睡熟，枕头就会滚到一边去，他也自然就可以醒来继续写作。由此可见，要想努力奋斗，就不能让自己过得太过安逸舒适，而是应该时刻警醒自己，激发自己的潜能。

第03章
摆正心态，清除成事路上的负面心理

从结婚生子之后，小叶就一直是一名全职家庭主妇，她的丈夫在一家企业当基层领导，日子倒也安逸，但小叶一直想自己做点事，她认为总待在自己的舒适圈并不是长久之计。所以，上个月孩子上了幼儿园后，她就开始琢磨起未来的人生之路。

思来想去，她想起了从小以来的梦想，那就是拥有一家书屋。在她梦想的这个书屋里，既有满室的书香，也有咖啡的香气，爱书的人们既可以买书，也可以坐在旁边的桌子上喝一杯浓香的咖啡，静静地看书，还可以在书店里随处可见的坐垫上席地而坐，以自己最舒服的姿势看书。

小叶想到就要去做，她当即把想法告诉了丈夫，但是丈夫并没有给予小叶的梦想理解和支持，而是表示反对。

虽然没有得到丈夫的全力支持，但是小叶却坚持自己的想法。她拿出结婚之前积攒的钱，开始四处寻找合适的店面。然而，在经过一番预算计算之后，小叶觉得这些积蓄根本不够支撑起一家书店，为此她只能再次向丈夫求助。这次，小叶的态度很鲜明。虽然丈夫不赞同小叶开书店的想法，但最终还是给予了小叶大力的经济支持。经过半年的准备之后，小叶的书店终于开业了。书店开业之后生意非常清冷，小叶感到很失落。

一个偶然的机会，她和同学讨论起该如何经营书店，同学

🍎 **认知的驱动**

提出了一个很好的营销方案。这个方案看起来能够吸引很多人的眼球,但是小叶却很担心营销的成果。为此,小叶总是忧心忡忡,犹豫不定,不知道是否应该继续投入大笔的金钱,从而为书店起死回生殊死一搏。经历了几天的痛苦思考之后,小叶还是没有能够做出果断的决定,看到小叶如此心神不宁的样子,丈夫了解原因后问小叶:"你愿意现在就放弃书店吗?"小叶坚定不移地摇摇头,丈夫说:"那从现在开始就勇敢地去做吧,只有在做的过程中,你才会知道自己做完之后能够得到怎样的结果。否则,你就会因为错过此时把握着的好机会而后悔莫及。"小叶感到很惊讶,因为丈夫曾经不支持她开书店,现在却对她表示会大力支持,这到底是为什么呢?丈夫似乎看穿了小叶的心思,当即安慰小叶:"我并不是不支持你,只是觉得要做一件事,就要把它做好!"就这样,在丈夫的支持下,在同学的建议下,小叶为书店的宣传又投入了大笔的资金。最终,活动的反馈果然很好,小叶悬着的心这才放下来。原来,很多事情只有真正去做了,才知道结果如何。

在这个事例中,小叶是个说做就做的人,她走出了家庭、走出了自己的舒适圈,这样的魄力值得很多年轻人学习。虽然过程有些艰难,但她做到了全力以赴,最终获得了想要的成果。

　　人的本能都是趋利避害，每个人都想过着安逸舒适的生活。然而，流水不腐，户枢不蠹，人只有动起来，才能戒掉懒惰的坏习惯，让自己充满活力。记住，如果你此刻贪图安逸，未来你就会远离梦想。要想真正地实现梦想，就必须时刻保持警醒，也始终对人生全力以赴。在现代社会中生存的确很难，压力也很大，但依然会有强者脱颖而出。所以，要想实现梦想，最重要的就是让自己努力振奋，持续增强自身的实力。唯有如此，我们才能在人生的道路上不断地进步，从而成就自我！

下篇 对外输出：成事的技法

第 04 章

战略思考，根据大环境确定成事方向

生活中，有很多人表面上看起来很努力，什么事都要做，即便在两件事的空档时间，他们也不会休息，可是到头来他们却会发现，自己的努力似乎收效甚微。其实这是因为他们缺乏战略思维，他们没有认识到两点：选择环境其实比努力更重要；读书并不意味着就能成功，多维学习才有效。相反，那些成功者往往都有战略性的眼光，无论是做事还是个人成长，他们都会通观全局，进而做到游刃有余地进行工作生活，他们在行动前通常会找到正确的方向，这样才能抢占先机、游刃有余。

第04章
战略思考，根据大环境确定成事方向

有时环境比努力更重要

自古以来，努力一直被人们认为是一种可贵的品质，且被认为是成长的必需甚至唯一条件，但为什么有些人明显比别人努力却表现不如人意呢？这很可能是因为我们忽略了一个重大的隐性因素：环境。如果一味抛开环境影响谈努力，那是不现实的。

近几年来，随着网络和信息技术的发展，各种各样新奇有趣的新闻进入大众的视野，知名学府浙江大学的几位宿管和保安就曾登上热搜。因为原本身份平凡甚至知识基础薄弱的他们，却展示出了非凡的才华，他们利用闲暇时间发展自己的兴趣爱好，因此被人们誉为浙大"扫地僧"，实现了人生的逆袭。

这样的改变让很多"科班出身"的人感到汗颜，特别是两位宿管阿姨。其中一位宿管阿姨是玉泉校区的，她在浙大工作后，被学校浓厚的学习氛围感染，利用值班的时间自学英

认知的驱动

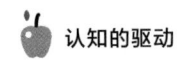

语。她告诉别人:"看到你们楼层里人才济济,忙忙碌碌都是为了学习,我好像错过了这个时代,我要变回一个热爱学习的人。"

另一位宿管阿姨徐霞,2010年来到浙大,在与同学们相处的过程中,她感受到学生那份积极好学的精神,于是也学起了画画。

她说:"孩子们那么优秀,我也不能拖了后腿!别人能做到的,我为什么不行?"现在,她不仅有不少拿得出手的绘画作品,还学会了弹奏吉他。

当然还有其他"扫地僧",他们或画画,或摄影,或作诗,或跑步,展现了积极的学习精神。

现在,让我们做一个假设:如果几位宿管和保安并没有来到大学,他们会有这样的命运吗?

或许有,但概率极低,甚至他们的命运可能会完全不同。这正是环境赋予一个人的力量,它能让一个人产生变好的念头并愿意去努力,还能将这份努力放大。相反,负面、消极的环境对一个人的影响也是巨大的。

有一天,一个生物学家经过一家农场,看见鸡舍里的鸡群中有一只老鹰,于是就问农场的主人,为什么鸟中之王会落魄到这般与鸡为伍的地步。农场主说："因为我一直喂它鸡饲料，把它和鸡养在一起，所以它一直都不想飞，它根本不记得自己是一只老鹰了。"

生物学家说："不过，它到底还是一只老鹰，应该一教就会的。"

经过一番讨论后，农场主终于同意试试看。生物学家轻轻地把老鹰放在手臂上，然后说："你属于蓝天而不是大地，张开翅膀飞翔吧！"可是，那只老鹰有些疑惑，因为它不记得自己是谁。当它看到鸡群在地上啄食时，就跳下去与它们做伴了。

生物学家不死心，又把老鹰放到屋顶上鼓励它飞，他说："你是一只老鹰，张开翅膀飞翔吧！"可是老鹰对自己的不明身份和这个陌生的高度感到恐惧，于是又跳到地上觅食去了。

我们不得不为故事中的老鹰感到悲哀，原本它有着鹰的特质，却因为长期和温顺的小鸡们生活在一起，失去了飞翔的本领。其实，现实生活中的人们何尝不是如此呢？原本他们很优秀，却由于受到周围那些消极人的影响，丧失了前进的动力，最终变得平庸。

在个人的成长上，我们也可以说，在某种程度上，环境的影响远超个人努力，只是很多人会自然地无视或忽略这一点，认为只要努力就可以成就自己。毕竟努力是看得见的，而环境却因为自己身在其中，往往看不见，甚至根本察觉不到。所以很多人要么麻木地生活，不知思变，要么盲目地努力，承受着事倍功半之痛。我们唯有正视环境、看清环境，才能有意识地躲避限制，并反过来运用它。

我们的生活环境决定了我们每天要见哪些人，做哪些事，而这些人和事会直接影响我们的思维和言行。因为人类大脑中有镜像神经元，它会让我们无意识地模仿身边的人和事。所以当周围的人经常做什么事情时，我们也会不自觉地去学着做。

也就是说，当你周围的人都在学习时，你也会不自觉地学，当身边的人整天玩游戏时，我们也更容易跟随。这些都是潜意识的活动，我们可能根本意识不到自己在受他人的影响。

这也解释了另一种现象：一些人有出色的表现，可是他们自己也搞不清到底为什么，因为他们确实没有像其他人那样特别努力。但如果追溯到他们生活的环境，总能找到一点线索：他们在某些特定环境的影响下，形成了学习动力、方法或专注度上不可察觉的优势。

不难想象，在一个人们成天看电视、打麻将、游手好闲的环境里生活的人，必然会模仿出不思进取的坏习惯。他们不自觉地表现出和身边人相似的言行,习惯接受高刺激和轻松肤浅的信息,静不下心阅读或思考。所以即使在学习上表现得很努力,他们也很难与别人一较高下。所以,无论是劝别人还是劝自己,让自己成为那个身处理想环境的人,都是最优的选择。

认知的驱动

近朱者赤，近墨者黑

前面我们分析了环境对个人成长的重要性，积极的环境能给人积极的暗示，督促我们不断学习和进步，而消极的环境会让我们自甘堕落、不思进取，这与我们常说的"近朱者赤，近墨者黑"不谋而合。同样，在人际交往中也是如此，与优秀的人交往，就会从中吸取营养，使自己得到长足的发展；相反，如果与恶人为伴，那么自己也必定遭殃。即使是和普通的、自私的个人交往，危害也可能是极大的。比尔·盖茨说过这样一句话：有时决定你一生命运的是你结交了什么样的朋友。具有优秀品格的人会给生活在他周围的人带来向上的格调，提高他们对生活的激情。同样，一个品德败坏且自甘堕落的人，也会不知不觉地降低和败坏同伴们的品格。与品格高尚的人生活在一起，你会感到自己也在其中得到了升华，自己的心灵也被他们照亮。

我们在交友的时候，一定要懂得"近朱者赤，近墨者黑"

的道理，取长补短，去其糟粕，尽量和比自己优秀的人交往，并"见不贤内自省"，这样才能进步。

孟子，名柯。战国时期鲁国人。三岁时他的父亲去世，孟子是由母亲一手抚养长大的。孟子小时候很贪玩，模仿能力很强。他家原来住在坟地附近，他常常玩筑坟墓或学别人哭拜的游戏。母亲认为这样不好，就把家搬到集市附近，孟子又模仿别人做生意和杀猪。孟母认为这个环境也不好，就把家搬到学堂旁边。这次孟子就跟着学生们学习礼节和知识。孟母认为这才是孩子应该学习的，心里很高兴，就不再搬家了。这就是历史上著名的"孟母三迁"的故事。

对于孟子的教育，孟母更是重视。除了送他上学外，还督促他学习。有一天，孟子从老师子思那里逃学回家，孟母正在织布，看见孟子逃学，非常生气，拿起一把剪刀，就把织布机上的布匹割断了。孟子看了很惶恐，跪在地上询问原因。孟母责备他说："你读书就像我织布一样，要一线一线地连成一寸，再连成一尺、一丈、一匹，织完后才是有用的东西。学问也必须靠日积月累，不分昼夜勤求而来。你如果偷懒，不好好读书，半途而废，就像这段被割断的布匹一样，变成了没有用

认知的驱动

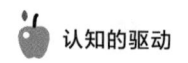

的东西。"

孟子听了母亲的教诲,深感惭愧。从此以后他专心读书,发愤用功,身体力行地实践圣人的教诲,终于成为一代大儒,被后人称为"亚圣"。

孟子的母亲因为怕孟子受到环境的影响,连搬了三次家,这个故事说明了榜样的作用。

因此,在与人交际的时候,我们要想交到真正的益友,就应该擦亮自己的眼睛,要先从各个方面考验他的秉性、人格等。毕竟,只有交到好的朋友,你才能受益一生,得到无限的乐趣,他们甚至会成为我们人生中的"贵人",但若交到不好的朋友,要想不走入歧途却是很难的。

如果你想了解你的朋友,其实有很多方法,你可以通过了解他周围的某个朋友来间接了解他,毕竟"物以类聚,人以群分",要知道,一个生活有规律的人自然不会和一个酒鬼混在一起,一个举止优雅的人不会和一个粗鲁野蛮的人交往,一个洁身自好的人不会和一个荒淫放荡的人做朋友。和一个堕落的人交往,也显得自身品位极低,并且必然会把自身的品格导向堕落。

那么,究竟什么样的人才真正值得我们结交?益友首先是要对人和事真诚的人；其次，他们应该是可以与你同欢乐、共伤感，不计较得失的那类朋友。我们要明白以下几点。

1. 明白朋友之间信任的重要性

信任是相互的，是建立和维系友谊的根本，古语云："信人者，人恒信之。"要想让朋友信任你，就必须先信任朋友。

2. 对待朋友要大度宽容

做人要大度，所谓"人非圣贤，孰能无过"，朋友也会犯错误，在与朋友相处时，对待他犯的一些错误，我们要尽量不去计较，不要总是抓住不放，这才是让友谊天长地久的方法。

3. 珍惜与你共患难的朋友

俗话说"交友交心，浇树浇根"，患难才能见真情，真正的朋友是能分担你忧愁和痛苦的人，也最能经得起时间和磨难的考验。整日甜言蜜语的人不是真君子，在你人生得意时警醒你的人才是真正的朋友。

4. 友谊要用感情来维系

友谊是靠感情来维系的，而不是靠金钱、礼物来维持。用物质来维持的友谊只是表面上的友谊，经不起任何风吹雨打，而用情感维系的友谊则是至真至诚的！

俗话说："学好千日不足，学坏一日有余。"我们需要的

认知的驱动

是能与我们共进退,为我们排忧解难的朋友。或许这样的朋友并没有高官厚禄,也无法让我们平步青云,但却能在关键时刻给予我们安慰和告诫,让我们走得正、行得直!

第04章
战略思考，根据大环境确定成事方向

小心信息便捷对我们注意力的破坏

我们假设一个人既有良好的大环境，又有空闲时间，那么他就一定能成功吗？此时，我们要考虑到无孔不入的信息同样会对我们的成长产生阻碍。

自20世纪70年代互联网诞生和90年代移动互联网诞生以来，我们开始前所未有地享受着信息的便捷。但这种便捷是一把双刃剑，它至少在两个方面极大地破坏着我们的注意力。

一是信息大爆炸，它让我们甄别和筛选信息的难度变大，使我们时刻都被即时信息和肤浅信息包围。

其实，信息环境与我们自身所处的现实环境一样，当我们被各种各样的信息包围时，我们的思维和言行就会受到干扰，如果不懂得筛选，我们就会陷入不良的信息环境。

二是智能手机的普及，分分钟将我们的注意力撕成碎片。

目前，手机已经被人们调侃为人体的新器官，其使用率之高让人咋舌。据调查，很多人在一天的24小时中，除去睡觉的

🍎 认知的驱动

8小时和吃饭的2小时，剩下的14小时里，有接近4小时在使用手机，这几乎占到了所有剩余时间的三分之一。

你是否也处于这样的状态？早上起来做的第一件事就是找手机，吃饭要看着手机，上卫生间也要带上手机，只要手机不在身边，我们就缺乏安全感。如果你每天都是如此，那么，你的时间正在被手机侵蚀。

其实，如果把花在手机上的时间拿出来关注自己，你会得到更多。你会努力工作获得报酬，生活中多花点时间关心身边的亲人，会让生活更温暖。只是拿着冷冰冰的手机关心那些你压根就不熟的人，放任亲人在身边不闻不问，会让亲情渐渐冷却。

一些人会说，手机带给了我们很多便利，但其实，大部分人在用手机做什么呢？一项调查结果显示，使用社交网络和观看视频分别以46%和42%的比例占据使用频率的前两位，而在线购物以12%的比例位列第三。刷朋友圈、看微博、逛购物网站，基本上是手机使用频率最高的行为。

大部分人玩手机上瘾主要体现在刷朋友圈上瘾，他们每天一有空就去刷下朋友圈，甚至有时工作一会儿就去点开看一下。其实很多时候都没有人更新动态，刷了几次还是那几条，但是他们就像着魔一样，总是想去点开。

另外，手机功能的发达，导致了一大批手游应运而生。平日里喜欢用电脑玩游戏的人，开始将注意力集中在手机上，毕竟手机更便于携带、更好操作。于是，人们开始花更多的时间玩手机游戏。

曾有脑科学方面的专家对此进行研究后表示，长时间刷朋友圈会严重分散人的注意力。研究显示，大脑在处理问题时倾向于每次只处理一个任务。多任务切换只会消耗更多脑力，增加认知负荷。因此，有科学家认为，这种"浅尝辄止"的方式，会使大脑在参与信息处理的过程中变得更加"肤浅"。美国学者甚至以"最愚蠢的一代"来讽刺信息时代的低头族们。那么，我们应该怎么做呢？

1. 放下手机，多走出去与人交流

在闲暇的时候，我们应该多多进行瑜伽、打篮球、跑步、深呼吸等活动，让生活变得充实，同时也可以放松身心。我们不应该让自己的生活太无聊，当一个人无聊的时候，就会不断地用手机来填补空虚，手机就变成了他获取外界信息的唯一通道。

2. 删除不必要的应用程序，减少时间损耗

有的人手机上装了很多应用程序，有购物、旅行、理财、游戏、社交等应用。手机上装的应用太多，会影响手机的运行

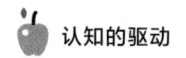

速度，商家推送信息也会干扰我们的注意力。对于手机上一些不常用的应用，我们应该将它们删除，既可以腾出内存空间，还能够减少干扰，何乐而不为呢？

3. 不带手机上床睡觉

很多人早上睁开眼睛的第一件事情，就是看一下手机，看看朋友圈有没有更新等。每天晚上睡觉之前也要看手机。睡前关着灯看手机不仅伤眼，还会影响睡眠质量。而且睡觉时将手机放在旁边，也不利于我们的身体健康。

4. 用更有意义的活动代替手机

不要一遇到问题就想用手机去解决，应该努力去寻找其他更好的方法，这样才能减少我们对手机的依赖。比如，我们在上班路上可以选择用看书来代替玩手机。拍照的时候可以用数码相机代替手机。

不得不说，手机给我们的生活带来了很大的便捷，但同时它也让人与人之间面对面的交流变得越来越少。凡事过犹不及，别让手机占据了你全部的时间。

第04章
战略思考，根据大环境确定成事方向

整理你的办公桌，营造有序、简洁的环境

注意力对于学习和工作的重要性早已毋庸置疑，而有序、简洁的环境会让我们的注意力更加集中，随处可见的玩具和杂物会把我们的注意力牵走。我们房间里出现的摆设、书桌上放置的物品，甚至墙上的海报，都会对我们的潜意识产生无形的暗示。

所以我们要特别关注自己目之所及和触手可及的东西，因为它们离我们越近就越会被我们关注，而越被关注的东西也越容易被放大。

如果你想让自己变得更好，就要学会利用环境来影响潜意识，帮助我们减小阻力、增加动力。为此，效率专家指出，整理你的办公桌、简化办公环境，能让你事半功倍。

事实上，我们不得不承认，在公司的办公区域内，很多人的桌面都是杂乱无章的，他们的公文包随意地丢在椅子上，桌面到处都是文件，还有各种材料、杂志和报纸、喝剩下的咖啡

认知的驱动

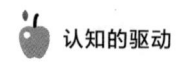

和茶水等。每当他们需要寻找一份文件或者文具时，都需要把桌面上的东西翻个底朝天。试想一下，在这样的工作环境中，我们的工作效率怎么能提高？

总有人好奇那些高效率者的工作方法，其实，他们只是把工作变得条理化而已。美国著名的管理学家蓝斯登说："我欣赏彻底的和有条理的工作方式。那些成功人士，当你向他询问某件事情时，他立刻会从文件箱中找出相关文件。当交给他一份备忘录或计划方案时，他会插入适当的卷宗内，或放入某一档案柜中。"

也有一些人会对这种方法表示不认同，在他们看来，放松的工作环境会让人觉得随意，这样能催生灵感。但当你把头埋进一片废纸堆的时候，你的心情会轻松吗？想必那些堆砌的资料只会让你急得满头大汗。更糟糕的是，凌乱的东西会随时分散你的注意力：一个小纪念品、一张画片都有可能突然出现在你的视线里，从而扰乱你的工作进程。

另外，办公环境的整洁与否，反映着你工作是否有条理。办公桌杂乱无章，会让你觉得自己有堆积如山的工作要做，从而使你丧失信心、压力增大，降低了工作的质量，影响工作效率。

小李今年32岁，年纪轻轻的他已经是一家公司的总裁，他

第04章
战略思考，根据大环境确定成事方向

的家人为他的成就感到自豪，周围的人也总是对他投来羡慕的目光。但小李的压力实在太大了，他每天都把大部分时间放到了工作中，他除了睡觉外，几乎所有的时间都待在办公室，他感觉自己总有做不完的事。终于有一天，他感觉自己的精神快要崩溃了，于是赶紧去看了心理医生。

踏进老友给自己介绍的诊所时，他的脸上写满了紧张和恐惧，他不知道如何是好。在医生的疏导下，他说出了自己的痛苦："我的办公室里有三张大写字台，上面堆满了东西，我每天都把全部的精力投入工作中，可工作似乎永远都做不完。我觉得压力好大，好辛苦。"

在听完他的叙述后，医生建议他清理自己的办公桌，只留一张写字台，当天的事当天必须处理完毕。小李听从了医生的提议后，觉得工作轻松、简单多了，工作效率也提高了。

看完小李的故事后，你应该能明白保持办公桌面整洁的重要性了吧！千万不要以为这只是个美学问题，整齐的办公环境并不表示你是个完美主义者，而是工作条理化的需要。

其实，整理办公桌的过程，也是你整理思路的过程。不管你有多忙，都要把办公桌收拾得整洁、有序。在每天下班之前，把明天必用的、稍后再用的或不再用的文件都按顺序

认知的驱动

放置好。保持这个习惯，你的工作也将变得有条不紊，简单而快乐。

那么，接下来，让我们一起为办公桌做个瘦身运动吧！

如果条件允许，你可以选择一个L形的办公桌，因为它有较大的工作空间，电脑也不会碍手碍脚。要用电脑时，转四十五度角就行了。

不妨尝试将主机放到地上，在你的脚踢不到的地方。如果你经常把电脑主机放到桌面上，那么有很大一块办公区域都已经被浪费了，它会使你的工作面积变得很狭小。

当主机这个笨重的家伙离开了你的桌面，你还觉得工作空间不够的话，那就接着清理吧！

扫视一下你的办公桌，桌子上的东西真的是你所需要的吗？是不是有太多小文具，诸如铅笔、圆珠笔、文件夹、档案袋、订书机之类的东西？你的办公桌肯定有抽屉，将它们都放进去吧！如果是公用的柜子，不妨在你的物品上贴上自己的名字，这样就不会混乱。

再去看看你的文件架，把文件按照日期分开放置，待办文件和已办文件也分类放置。

到了该喝水的时候了，不要否认，你肯定做过这样的事，原本你想去拿手边的一个东西，却不小心打翻了杯子，搞得满

第04章
战略思考，根据大环境确定成事方向

桌子都是咖啡，甚至还洒到了衣服上，你又气又恼，但有什么办法呢？这是你自己犯的错误！要不换一下咖啡杯？你可以选择一个带杯盖的，这样不但能保证咖啡的温度，还能避免咖啡被碰洒。另外，如果你的确是个笨手笨脚的人，那就买一个有重量、宽底小口，像金字塔般稳当的杯子，它会老老实实地待在桌面上的。

收纳整理并不意味着桌子上空空如也，再简单的办公桌还是要把那些必备的文具用品摆到手边的。

现在看来，一切都完美了，即使办公室突然停电，你也能找到你想要的东西。最后，为了让你的心情更好，你可以将你的爱人或者孩子的照片放到你可以看得见的地方，简化办公环境并不意味着我们不能保持自己的个性！

认知的驱动

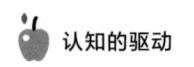

尽可能接近优秀的人和环境

假设你准备在生意场上大干一场,那么,你现在最缺的是什么?你当然会回答"资金和技术"。那么,如果你没资金和技术怎么办?此时,如果你懂得借助环境和人脉,那么资金和技术问题就能迎刃而解了。

张景的生意路体现了人脉的重要性。从一个农村小伙子到拥有千万固定资产的企业家,都是因为他善于搭建人脉,用他自己的话说就是:"我能有今天,都是靠朋友的帮助。"

张景非常善于积累人脉,他喜欢结交朋友,每天出门都会携带名片,他开玩笑说:"哪天出去要是没有带名片,我会浑身不自在,就像自己没有带钱出去一样。"

大学毕业后,张景在朋友的引荐下来到上海的一家珠宝公司工作,并担任总经理,负责上海的业务。工作期间,他认识了第一批上海朋友,其中很多都是在上海的香港人。在这些香

第04章
战略思考，根据大环境确定成事方向

港朋友的介绍下，他加入了上海的香港商会，又经朋友推荐当上了香港商会的副会长。利用这个平台，他认识了更多在上海工作的香港成功人士。

后来，张景在朋友的推荐下开始投资房地产。当时上海的房地产业已经开始火热起来，有时候排队都买不到房子。但在朋友的帮助下，张景通过一些朋友，不但很容易买到房子，而且能获得折扣。

几年后，在朋友的建议下，张景又陆续把手上的房产变现，收益颇丰。据张景介绍，他目前的资产已经超过八位数，并有两三千个朋友。他说，自己的事业正是因为得到朋友的帮助，才会这么顺利。包括开公司、介绍推荐客户和业务等方面，朋友都会照顾他，有什么生意会马上想到他。

从张景一笔笔成功的生意中，我们能得到一个启示，就是要懂得给自己结一张关系网。这张关系网中，有钱人越多，你就越有机会赚到钱，更有机会实现自己的理想与抱负，这就是环境对于个人成功的重要性。

当然，进入优秀者所在的环境也并非易事，有一位著名的公关专家曾经说过这样一段话："要发展事业，人际关系不容忽视。只要用心安排，人际关系便能由点至面，进而发展成

认知的驱动

巨树。有了巨树，我们才能在树荫下休息，坐享利益。社会地位愈高的人，在拓展事业的时候人际关系愈是重要。但是总不能因此就拿着介绍信去拜会重要人物。就算登门造访，人家也未必有时间见你，因为各界精英通常都有排得紧凑的日程表，即使见面，大概也不过五分钟、十分钟的简短晤谈，无法深入。所以，制造与这些人物深入交谈的机会，非得另觅办法不可。"可见，进入优秀者的环境需要我们积极主动、舍得付出，因为机会和贵人不可能会从天上掉下来。

第04章
战略思考，根据大环境确定成事方向

善于借势，才会大有作为

环境对个人成长和成功十分重要，其实这与古人所说的"天时、地利、人和"有异曲同工之妙，我们所说的"环境"，其实也是一种"势"，顺势成事才是真正的大智慧。所以，当我们直接努力却难以取得大的成就时，不妨舍弃坚持，借力行事，顺势而为之。

一个有智慧的人，总是能发现有利于自身发展的资源，并为自己开拓更为广阔的天地。狐假虎威的故事就说明了这一点。

从前在某个山洞中有一只老虎，因为肚子饿了，便跑到外面寻觅食物。当它走到一片茂密的森林时，忽然看到前面有只狐狸正在散步。它觉得这是个千载难逢的好机会，于是一跃身扑过去，毫不费力地将狐狸擒了过来。可是当它张开嘴巴，正准备把那只狐狸吃进肚子里的时候，狡黠的狐狸突然说话了："哼！你不要以为自己是百兽之王，便敢将我吞食掉；你要知

认知的驱动

道,天帝已经任命我为王中之王,无论谁吃了我,都将遭到极严厉的制裁与惩罚。"

老虎听了狐狸的话,半信半疑,可是,当它斜过头去,看到狐狸那副傲慢镇定的样子,心里不觉一惊。原先那股嚣张的气焰和盛气凌人的态势,竟不知何时已经消失了大半。它心中想:因为我是百兽之王,所以天底下任何野兽见了我都会害怕。而它,竟然是奉天帝之命来统治我们的!

这时,狐狸见老虎有些迟疑,知道它对自己的那一番说词已经有几分相信了,于是便神气十足地挺起胸膛,指着老虎的鼻子说:"怎么,难道你不相信我说的话吗?那么你现在就跟我来,走在我后面,看看所有野兽见了我,是不是都吓得魂不附体,抱头鼠窜。"老虎觉得这个主意不错,便照着去做了。

于是,狐狸就大模大样地在前面开路,而老虎则小心翼翼地在后面跟着。它们走没多久,就隐约看见森林的深处,有许多小动物正在那儿觅食,但是当它们发现走在狐狸后面的老虎时,不禁大惊失色,狂奔四散。

这时,狐狸很得意地转过头去看看老虎。老虎目睹这种情形,不禁也有一些心惊胆战,但它并不知道野兽怕的是自己,而以为它们真是怕狐狸呢!

第04章 战略思考，根据大环境确定成事方向

不可否认的是，狐狸是聪明的。它之所以能得逞，是因为它假借了老虎的威风。

曾国藩是中国近代史上的重要人物。梁启超也曾对世人说："曾文正者，岂惟近代，盖有史以来不一二睹之大人也已；岂惟我国，抑全世界不一二睹之大人也已。"

曾国藩之所以能获得幕僚敬仰、后世论道，其中重要的原因就是他懂得借势生风。清末农民起义风起云涌，国家面临内忧外患，曾国藩借势崛起。也因为曾国藩的礼贤下士，擅纳同类，一大群和曾国藩的经历、志向、态度都颇为相近的文人武夫纷纷禀集其周围。这些人为曾国藩打败太平军、捻军出谋划策、摇旗呐喊，也和曾国藩一道诗酒酬酢、论文说道。

犹太人也是精于借势的代表。无论是在商界还是科技界都有众多犹太人成功，他们普遍都具有善于借助别人之智的本领。

犹太人密歇尔·福里布尔经营的大陆谷物总公司，就是因为密歇尔懂得这一道理，进而从一间小食品店发展成为一家世界最大的谷物交易跨国企业。密歇尔不惜花重金聘请具有真才实学的高科技人才来为自己效力，还引进了先进的通信科技设备，这使其公司信息灵通，竞争能力总胜人一筹。他虽然付出了很大代价取得这些优势，但他借用这些力量和智慧赚回的钱远比他付出的多得多，可谓"吃小亏占大便宜。"

认知的驱动

正所谓"独木不成林",单打独斗并不是明智的做法。那些事业有成的人,除了自身拥有智慧和能力外,更懂得运用借势的智慧,一个人再聪明,条件再优越,也没有三头六臂,也需要借助他人的力量。由此可见,一个人要想成功,就应该懂得借势,并且还要会在生活实践中灵活地运用借势。

现实生活中的每个人,都应该学习借力打力的智慧。在竞争激烈的今天,实力弱小的人如果仅凭自己的力量,是很难获得成功的,我们只有善于发现有利于自身发展的资源,才能为自己开拓更为广阔的天地。

是否爱读书并不是人生的分水岭

一直以来,读书的重要性都被人们认可,甚至被神话。关于读书重要性的名言也随处可见,很多人几乎把读书与学习、人生成功画上了等号,认为一个人想要有所成就就必须读书,否则这辈子也无法成功。于是,在主流观念中,读书似乎成了提高认知的唯一途径,为此,那些平时不爱读书的人焦虑不已。因为他们对阅读一直没有什么好感,如果强行抱起书本就会打瞌睡,或是感到极度乏味,这种"想要又不得"的矛盾使人不免陷入一种望洋兴叹的痛苦。

不过,"读书=学习或成功"这一公式绝对无法代表事实真相,因为只要你细心观察就会发现,很多人即便是一直读书,活得也未必如意,而很多不读书的人却能混得风生水起。不要误以为只有读书才能让你变得很优秀,很多不读书的朋友也有可能取得成功。

如此看来,是否喜爱读书并不是人生真正的分水岭,那么

认知的驱动

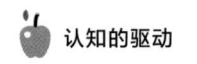

真正的分水岭在哪儿呢?答案也是两个字:维度。

很多人认为,学习就是大脑中的思维活动,事实上这是一种不全面的观点。真正的学习绝不止于思维这一个维度,而是要同时调动多维度感官,包含了听觉、视觉、触觉、味觉等所有能感知的维度。我们之所以认为思维是最主要的学习方式,是因为思维存在于我们的意识范围之内,而其他的感知维度则没那么容易被我们察觉。潜意识活动之所以不容易被察觉,是因为意识处理信息的速度太慢,而各个感官所产生的信息则是海量的。

视觉、触觉、听觉、嗅觉、味觉会对大脑传递大量的信息,面对汹涌而来的各种信息,我们的意识根本无力处理,只能交由速度极快的潜意识来掌控和支配。

在这个过程中,潜意识会事先进行"分流",决定哪些信息可以忽略,哪些信息由自身来处理,还有哪些信息需要传达到意识层面。

因此,很多信息压根就到不了我们的意识范围,我们自然也就无法感知到。但是,感知不到并不代表它们不存在或不重要,事实上,那些我们感知不到的信息也是非常重要的。就拿那些平时不怎么读书却依然成就很大的人来说,他们虽然很少通过阅读来进行思维活动,但是他们有机会经历很多事,见到

第04章
战略思考，根据大环境确定成事方向

很多高人。在那些经历和环境中，他们能亲眼看到成功者是怎样一步步走向成功的，也能听到他们给予的直指问题核心的指导，感受到做成一件事的辛酸和不易……

这些成功者传达出来的动作、情绪、表情、声音等，都能对各种感觉进行刺激和调用，不知不觉中，潜意识已经完成了大量有效信息的输入。加上我们大脑中还有镜像神经元，会让我们不自觉地效仿这些成功者的行为，所以那些不读书却有经历的人，虽然看上去并没有经过大量书本知识的学习，但实际上他们已经学习了很多，只是也许他们自己都没有意识到而已。

我们再来看看读书这件事，相较之下，它就显得很单薄了，因为单纯的阅读只是调动了思维这个单一的维度，虽然它能进行高效的记忆、分析和推理，但看上去更像是一个智力游戏。这种学习会让我们以为自己学了很多，但如果没有具体的实践，没有让其他感官都参与进来，这些知识和道理往往很难被真正运用到实践中。而用不起来的知识，学得再多又有什么意义呢？

所以，一个人若只是沉迷于读书而从不注重实践，就会陷入"道理都懂，但就是过不好这一生"的状态。

电影《和平战士》里有一句经典台词说的就是这个道理：

认知的驱动

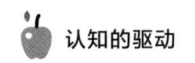

知识和智慧不是一回事，智慧是去实践。罗尔夫·多贝里也在《明智行动的艺术》一书中提到："知识有两种类型：用语言描述的知识和非语言描述的知识。我们往往过度重视了用语言描述的知识。"

我们可以说，真正重要的知识必定是存在于实践中的，其实，你可以暂时停止阅读，将对文字的执着放到一边，做些可能会失败的尝试。《如何高效学习》的作者斯科特·杨也表示：知识中的很大一部分存在于我们的潜意识中，这部分知识如果不去运用，就得不到很好的发展。

研究者们一致认为，好的学习不仅停留在类似于阅读或知道这样单一的思维层面，而是要通过实践进行灵活运用。维度越丰富，学习的效果就越好，所以学习的秘密就在于同时调动多维度感官。

从这个角度看，与高人交谈、在优秀的环境中生活、实践，也是很好的学习方式。这就是为什么一些年长者哪怕目不识丁也富有智慧了，因为他们扎实地去践行了一些行事准则。

诸如"今日事，今日毕""路遥知马力，日久见人心""常在河边走，哪有不湿鞋"这类通俗易懂的人生道理，就是我们所谓的知识，而只要去扎扎实实地践行这些知识，在生活的各个场景中能想到、做到，让它们从头脑中融入身体里，知识就

第04章
战略思考，根据大环境确定成事方向

变成了智慧。

如果没有实践，那么，懂得再多的大道理也徒劳，到了关键时刻我们却无法拿出来使用，对于这样的结果，大部分人会产生过多的焦虑。现实生活中，很多年轻人对于那些长辈们给予的大道理总是置若罔闻，而更愿意相信自己的见闻，就是这个道理了。

🍎 认知的驱动

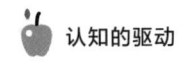

"知""行"统一才是智慧的学习

在前面的章节中,我们指出,是否爱读书不是人生真正的分水岭,维度才是,但这并不表明我们可以否定知识。不过,我们也发现,有些知识储备大的人却发挥不出自己的能力,因为这些知识丰富的人常自陷于自己知识的格局内,以至于无法成功立业。汽车大王亨利·福特曾经说过这样一句话:"越好的技术人员,越不敢活用知识。"他经常遇到技师这样说:"董事长,这简直无法进行,即使从理论上也是行不通的。"而且技术越好的人,越有这种消极的个性,这一点被福特认为是增产的一个重要障碍。同样,有人说"白领是弱者",我们仔细推敲一下这句话,知识丰富、学历良好的白领怎么可能是弱者呢?事实上我们也很清楚,一个人如果没有一定的科学文化知识,在很多事情上是无能为力的。当然,之所以人们会说"白领是弱者",是因为一些白领被自己的已有经验局限,而无法巧妙地将知识运用到实践中。

第04章
战略思考，根据大环境确定成事方向

的确，我们任何人只有将知识转化为能力，并从多维度学习，才能实现有效学习。人类社会发展到今天，是否拥有动手能力和创新精神已成为一种判定人才的标准，这更代表了一种时代精神。哈佛大学的一位专家也指出：学校里学的东西是十分有限的，在工作和生活中所需要的相当多的知识与技能，完全要在实践中边学边摸索。社会是更大的一本书，需要经常不断地去翻阅。新时代的我们也应该注意，在学习的时候要将理论与实践结合起来。

古人云："读万卷书，行万里路。"学习的最终目的是学以致用，我们要在社会这一战场上胜出，就必须尽早培养自己的动手习惯、提升自己的实践能力，只有这样我们才能成为真正有竞争力的人才。

现在，国外一些中小学甚至幼儿园非常流行"吃苦"教育。为了使生下来就不缺吃穿的孩子们明白生活中还有苦，让他们知道世界上还有许多人吃不饱饭，还有许多需要同情和援助的人，有些学校甚至有意识地让学生们体验饥饿。

为了教育孩子们珍惜粮食，让孩子们学会同情穷人，一些学校将"忆苦教育课"设为必修课。吃午饭时，扮成生活穷困的人，到学校开设的救济屋前排队领取食品。他们领来的饭菜

认知的驱动

不仅不足以吃饱，而且质量也相当粗糙，有时只是些很难下咽的水煮土豆。学校还配合忆苦教育，给孩子们讲述过去的生活，告诉孩子们即使在今天，仍至少有100万人无家可归。而在全世界，生活在贫困当中、遭受饥饿的贫困人口至少有6亿人。

走向社会是每个孩子必将经历的人生课题，参加社会实践能让孩子在成长道路上既开拓视野，又增长智慧。最重要的是，他们能通过亲身感知社会现实状况，从而珍惜现在的生活，在实践中逐渐独立起来，形成良好的品格。

当然，不只是孩子，我们任何人都要明白，知识和能力是相互促进的，我们学习知识的最终目的是增强自己的能力。你学习的是知识，得到的是能力。为此，你需要做到以下几点。

1. 掌握好理论知识

理论知识指我们从书本上学到的知识，只有掌握了有力的理论指导，才能减少我们在实践操作中犯的错误。

2. 做好知识与能力的转换

我们应该将所学的知识转化为能力，而不是反受知识的束缚，如果对知识的学习将影响我们能力的发挥，则会与我们的初衷背道而驰。

3. 不要让理论知识束缚手脚

在面对一项工作时，一个人如果对有关知识了解不深，他可能会说："做做看。"然后开始埋头苦干，拼命地下工夫，结果往往能完成相当困难的工作。但是有相关知识的人，却常会一开头就说："这是困难的，看起来做不了。"这实在是作茧自缚。

4. 多参加社会实践

参加社会实践绝对不是形式主义，更不是走过场。你在活动过程中，会得到许多乐趣。真正的知识是对于事物发展规律的正确认识和经验的积累。如果你没有任何社会实践经验，那所谓知识只能是书本上的"死"知识，而不是生活中真正的知识。这样的你不能自立，更别说经受得住社会的洗礼了。

第 05 章

策略练习，
依据自身条件制订实施的方法和路径

现代社会，每个人都要有核心竞争力才能立足。然而，竞争力与实力的获得不是一日之功，也不是只要努力就能做到，而是需要我们按部就班、进行策略性的练习。我们任何人，都要根据自身条件部署自己的成长路线，并认真走好每一步，唯有如此，才能实现从普通到卓越的逆袭，才能获得成长、独占鳌头。

第05章
策略练习，依据自身条件制订实施的方法和路径

长期主义者最好的人生模式

在生活中，有很多人每当新年伊始，就开始暗下决心制订来年的目标和计划。然而，似乎我们每年都在下决心，新计划出炉的那一刻确实让人动力满满，但过不了多久就会陷入苦苦挣扎的境地，最后不了了之。

如果你真想让自己变得不同，那不妨用些时间来做另一件事——学会运用认知的力量来驱动自己。这比用毅力驱动要好，也更可能让你完成自己的目标，并成为一个真正的长期主义者。

我们要看清事情的本质，只有彻底了解一件事的来龙去脉，才能走出反复尝试却始终没有成效的困境。也许你尝试了很多次戒烟，但最后都失败了，因此你怀疑自己的意志力不足，但其实只有彻底了解烟瘾形成的原因，看清吸烟这件事的本质，你才会真正认清抽烟是一件百害而无利的事，这样你才能获得长期的动力，逐渐将烟戒了。

认知的驱动

如果我们想在某个领域做一个长期主义者,就应该把时间花在看清本质上,看有关的书,请教相关的专家,了解具体方法和做这件事的好处。

看清本质还不足以定义认知驱动,毕竟这只是智力层面的力量,想成为长期主义者还需要第二种力量的加持——找到意义,它可以激活我们情绪层面的力量,让"情绪脑"这台马力巨大的发动机为我们所用。

《有效学习》的作者乌尔里希·伯泽尔在谈到如何学习时曾说:"我们都愿意从事自己认为有价值感和意义的事情,因为动机是学习活动的终极动力,也是掌握一项技能的第一步,而获得独特价值感和意义的最好方法就是主动去描述目标,并将其与自己相关联,换句话说就是调整我们看待事物的角度,看到这件事情的长远意义。"

如果没有意义的加持,那么就算我们知道做这件事情很有好处,内心也不会真的相信。一个人的眼界有多高,成就就有多高,也就决定了他能在现实的世界里走多远。就像史蒂芬·柯维在《高效能人士的七个习惯》中说:"任何事都是两次创造而成——先在脑中构思,然后付诸实践。"

这种构思所包含的不只是如何实践,更包括了怎样思考事情背后的意义,并进行自我心理建设,其中涉及你希望通过实现目标成为怎样的人，你希望能带给这个世界什么样的价值和贡献。如果你愿多花时间去思考这些事情，就能调动自己潜意识的力量来帮助自己行动。

本能脑和情绪脑掌控了人的潜意识，而潜意识的力量比意识的力量要大得多。我们的成长其实可以分为能力成长和潜意识成长，当潜意识跟不上能力的时候，能力的突破就会受到限制，这就是为什么很多人就算取得了一定的成就，也会通过各种方式将它"毁掉"。就像Scalers在《刻意学习》一书中所说："当我们变得更好，而潜意识没有接受的时候，我们就会搞砸计划，变回原来的自己。"

寻找意义就是在训练我们的潜意识，让它领先于我们的能力，牵引着我们走，而不是躲在舒适区拖后腿。

所以，想成为一个长期主义者，就要刻意地、主动地多花时间把内在的自我先建设好，而不是别人说什么好自己就想要什么。

此外，我们要关注一件事能给我们带来的好处。比如，我们原本打算坚持跑步，或者每日写作，一开始我们通常会热情高涨。但是一段时间过后，我们会觉得很累，再也没有一开始的动力了，甚至每天逐渐像是例行公事，此刻内心的疲惫感让我们开始怀疑坚持的意义。

认知的驱动

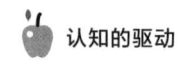

我们不妨换个角度看问题，把注意力放到获得的成就上。比如，通过每天写作，自己的写作能力得到了提升，自己的逻辑思维能力又获得了一点进步；每天出去跑步，我们的肌肉得到了锻炼，免疫力得到了提升，全身都感到轻盈；我们坚持画画，可以将画作放到各个场合去展示，以获取别人的肯定，为了让作品得到好评，你会动用自己的一切力量去打磨它，最终换来的正面反馈会让自己的作品更精进。

当我们把关注点放在感受事件带来的好处上面时，感受到的好处就会越来越多，那么我们就会尽情地活在当下，在精进的路上愉快前进。

看清事物本质，我们才能朝着目标努力，所以当我们失去动力的时候，要多去寻找这件事的意义和好处，体验当下的愉悦。

现在反思一下你自己的目标和计划，你是否只看到了目标本身呢？

有人说："人生最好的模式是：长期乐观、短期悲观、当下愉悦。"这句话正是对认知驱动最好的解读：看清本质、寻找意义，就是让自己长期乐观，而在短期内我们需要在舒适区边缘持续拓展，必然会遭遇悲观痛苦。但学会转换视角、获取反馈，我们就能时刻感到意义，让当下的自己保持愉悦。这正是一个长期主义者最好的人生模式。

第05章
策略练习，依据自身条件制订实施的方法和路径

然而，不是所有人都有机会成为长期主义者，大多数人都只能在短周期内反复徘徊。他们不知道做成一件事的方法，只能凭感觉行事，任由欲望驱动自己，别人说什么东西好，他们就也想要这个东西。然后简单地制定一个目标和计划，再用毅力去苦苦支撑，难以完成最后又在新年的开始暗下决心，周而复始。

现在，我们终于有了认知驱动这个武器。无论是在开始，还是在过程中，我们都要多花时间在这三件事情上：

看清本质，防止盲目努力；

找到意义，注入长久动力；

感到好处，体验当下愉悦。

有了这样的指导，我们就会持续学习、持续思考、持续感知，同时也必然会把自己的目标导向那些少量的、真正有价值的长远目标上。

认知的驱动

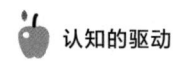

"写下来"具有强大的力量

在日常生活中,我们经常会遇到困扰和问题,此时,我们需要梳理思路、找到出路,我们可以采用"写下来"的方法。这里所说的"写下来"是指"把想法写下来",而不是专业的"写作",这一方法看起来很敷衍,但实际很有效。"写下来"的作用主要体现在以下几个方面。

1. "写下来"是情绪调节器

当你无法调节情绪的时候,可以在纸上把遇到的烦恼写下来,往往写下来之后,情绪就能得到调节。

美国金融公司经理伍德亨先生能够取得辉煌的成就,得益于他年轻时养成的一种调整情绪的习惯。当他还是一个公司里的小职员时,经常受到同事们的轻视。

一次,他忍无可忍,决定离开这个公司。临行前,他用红笔把公司里每一个人的缺点都写在纸上,将他们骂得体无完

第05章
策略练习，依据自身条件制订实施的方法和路径

肤。骂完后，他的怒气逐渐消去，也决定继续留在公司。从那次以后，每当心中愤怒，他就会把满腹牢骚用红笔写在纸上，这样他会立刻感觉轻松不少，就像一个被放了气的皮球。这些纸条一直被他隐藏起来，从不拿给别人看。后来，同事们知道他的这种宣泄怒气的方法后，都觉得他极有涵养。上司知道后，也对他青睐有加。

为什么"写下来"会有这样神奇的作用呢？

因为当情绪发生时，意味着感性战胜了理性，人类"情绪脑"的力量比"理智脑"要强大得多，所以情绪在大脑中处理的优先级远高于理性思维。而"情绪脑"在智能上又远远落后于"理智脑"，它只能将遇到的事情粗糙地分为"有利的"和"有害的"。所以，情绪一旦极端化，它就会在模糊的"有害端"不断反刍那些负面事件，也就是我们所说的"陷在情绪里走不出来"。

但是书写自己当前遇到的负面事件，就可以帮助我们调整二者的地位，帮我们整理思路，进而淡化负面情绪，慢慢地恢复理智。

2. "写下来"是专注的聚焦器

其实，就算没有极端情绪的影响，我们也未必能够集中注

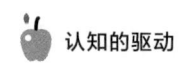

意力去做重要的事。回顾一下生活中的片段就会发现，大多数时候我们的内心都是杂念丛生的，心中随时翻腾着各种欲望、担忧、顾虑和焦虑。

2005年，美国国家科学基金会通过调查发现：普通人每天会在脑海里闪过1.2万至6万个念头，其中80%的念头是消极的，95%的念头与前一天完全相同。

可见，走神、注意力分散是我们的意识常态，而且人人都有"负面偏好"心理，我们会不自觉地将注意力分散到那些消极的事上面。

想要让大脑集中精力、火力全开，就得想办法结束这些无用的进程，结束进程通常只有两个办法：要么在现实中完成它，要么在虚拟中结束它。而"写下来"能调用元认知，帮助我们释放无用进程。

3. "写下来"能提升行动力

然而，就算你能做到毫无挂念、注意力集中，你就能确保自己具备强大的行动力吗？答案是：未必。

因为真正的行动力不是意志力，而是条理清晰，也就是说即便我们清空了工作记忆，但如果不清楚下一步具体应该做什么，同样会陷入行动模糊中。在这种状态下，我们会觉得"做这个也行、做那个也行"，最后往往会在天性强大的支配下选择做那个最简单、舒适的活动——娱乐。这也是为什么很多没有生活压力的人活得并不幸福，因为他们虽无烦恼，但也无力做成那些能够成就自己的困难之事。

所以，想要在顺境中主动掌控命运，就要防止自己陷入"选择模糊"。而消除"选择模糊"的最好办法，就是把下一步的行动或日程写下来。通过写下具体的日程，把自己约束在特定时间内的特定事件上，我们就不需要在过程中再花脑力做选择了。而且写下明确的日程，也相当于和未来的自己达成了一种协议，这种协议就是一种承诺。

人一旦作出承诺，潜意识就会倾向于保持前后一致，所以这种写下来的习惯会让行动力大大提升。

不过，很多人不愿意这样做，一来他们觉得这方法太老土，二来认为这点事用脑袋想想就可以，写出来完全多此一举。事实上"想一想"和"写下来"的效果完全不同，清空"工作记忆"也是如此。很多时候，人与人之间真正的差距可能就在最后那一点点行动上。

4 "写下来"是目标的出发点

从个人成长的角度来说，消除情绪、保持专注、提升行动力都很重要，但最重要的是它能帮你找到人生的目标。一旦找到能源源不断激发热情的事，你的生活就会逐渐变得专注、高效且平和。然而，并不是每个人都能找到自己的人生目标，很多人甚至都没有意识到自己始终活在无目标、浑浑噩噩的状态中。

也许你觉得自己的内心是有目标的，但是真要写在纸上的时候就不是那么回事了，你会遇到两大困难，要么写不出，要么写不清。因为既然要写下来，就要求你必须将那些模糊的想法变成清晰的文字，这个从模糊到清晰的过程就是"想与写"之间的距离。如果你能清晰地写出来，你以后的人生或许会发生一些变化。

不过，做好这件事最大的困难是，你无法确定自己写下来的是不是你真正的目标，或者你根本写不出来，然后就卡在那儿了。

如果遇到这种情况，你可以运用一条原则进行筛选：寻找最近似的目标。这个目标是否真的正确并不重要，只要它是目前最近似的，那它就可以帮助我们先改变当下的行动，然后引导我们走向下一个更接近的目标，直至正确目标的出现。

我们要想办法从各个角度去发现做这件事情的好处与意义，我们看到的好处和意义越多，做成这件事情的概率就越大。而发现它们最好的方式就是用笔或键盘去描述自身与目标之间的关联。

5. "写下来"是思考的挖掘机

深度思考的能力从本质上来说其实就是输出的能力，没有输出能力的人往往会停留在思考阶段，虽然他们会说，但是未必能说清楚。与其不同的是，输出能力强的人，不仅会写，还能写清楚。

"想、说、写"之所以代表不同程度的思考能力，是因为这三种活动关联知识的数量和密度是不同的。

很多情况下，你在头脑中明明想清楚了一件事，但是说出来的时候却磕磕巴巴，而再让你写出来，更是难上加难了。所以，通过书写来锻炼深度思考能力是最有效的。

总之，无论是在消除负面情绪方面，还是提升专注力和行动力以及加深思考力方面，写下来都具有不可替代的力量。写下来还有另一个好处，就是可以反复修改，直到找到最合适的语言表达出最准确的含义。

认知的驱动

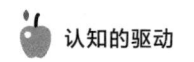

同时具备愿望和方法才能让一个人快速进步

任何人想要变得优秀,毫无疑问,首先要有强烈的蜕变欲望,与此同时,科学的方法也必不可少,如果只有欲望而缺少方法,人们的欲望就会成为焦虑的源头,而只有方法却缺乏强烈的欲望,人们的行动也会逐渐失去动力,最后可能无疾而终。所以,只有同时具备愿望和方法才能让一个人快速进步。

不过,在这一问题上,我们现实中的大多数人都是愿望强烈但方法不足的那一方,他们强烈地希望自己变好,但却总是苦于自己能力缺失,诸如缺乏主见、独立思考能力差、人生目标缺失、做事效率低下、遇事退缩、情绪易波动、无法做成事情等。这对我们来说就像一个个怪圈,致使我们无论怎么做都在原地打转、无法进步。

然而,这些看似是困境,但它们并不难打破,前提是我们要具备两种基本能力——"敢假设"和"看现实"。这两个词听起来八竿子打不着,但其实关系密切且威力巨大。

第05章 策略练习，依据自身条件制订实施的方法和路径

首先，"假设"是一切进步的开始。阻碍我们进步的原因众多，而其中最大的原因是所做之事有很多模糊性和不确定性。毋庸置疑，假如摆在我们面前的都是清晰确定的结果，我们知道接下来的路该怎么走，想必我们一定会大步流星地向前。不过现实中，这种情况寥寥无几。

我们似乎总是置身于复杂的情况下，根本不知道自己想的是否正确，不确定自己说的是否合适，不确定自己做的是否恰当……所以我们止步不前，因为逃避模糊和不确定性原本就是人类的本能。

但如果我们能直视这一问题，那么，困难之时将正是进步之机。这就需要我们敢于对未知的不确定性做出脑力范围内最大程度的"假设"，只有这样才能更大概率地突出重围，获取更多人生优势。

庆幸的是，我们生活中有不少人已经开始实践"每日反思""日程规划"，或开始寻找自己的人生目标。

但在实践的过程中，人们总是因为很多"模糊和不确定"而停滞不前，比如：虽然我们试着反思，但总是找不到原因，怎么办？做好了每日规划，但总是会出现各种干扰因素怎么办？想要尽早确定自己的人生目标，但就是找不到方向，怎么办？

认知的驱动

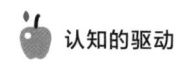

事实上，对于以上问题，我们都能通过"假设"这一利器来解决：反思时找不到原因，那就本着坦诚的态度，先假设一个你认为最可能的原因；做每日规划总是被干扰，那就参考最有可能出现的干扰因素来做规划即可；找不到人生目标，那就将你认为所有可能的目标都列出来，并找出其中可能性最大的目标。

关键不在于假设的对错，而在于你首先得有一个"想法"。只要我们能够依据当前所有的知识和可用信息，先做出一个假设，我们就不会一直待在原地，就能够继续向前迈进。在前进的过程中，会出现更多新的可能，此时，我们也应该继续进步。也就是说，我们的人生目标不是靠想就会有的，而是在不断实践中总结出来的，在不断试错中，我们的人生目标也可以得到不断修正。

掌握了这些技巧，我们还可以自主解决生活中的很多实际问题。比如，当你明白自己是一个缺乏主见的人，你想改变自己时，该怎么办呢？

很简单，你只要每次遇到需要表态的情况时，利用当前所有可用的理由和依据，先假设一个自己认为最正确的态度或观点。即使它不一定正确，即使你不一定会说出来，但你必须要有一个观点。时常这样练习，你的主见就会慢慢变强。

可见,"假设"可以消除模糊,让你的思考更深入一层,"假设"可以消除阻碍,让你的行动更前进一步。经常进行"假设"练习,可以提升你的分析能力、判断能力、解决问题的能力,进而提升你掌控生活,甚至是创造人生的能力。

当然,你肯定很担心自己的假设会出错。要想解决这份顾虑,方法很简单:看现实结果!结果是你的"假设"最好的评判标准。

毫无疑问,"敢假设"和"看结果"就是促使我们快速进步的能力。

如果你愿意深入实践它们,那建议你再看看以下几点注意事项,因为你或早或晚会碰上这些问题。

1. 学会将观点与情绪分离

当我们在"借用他人假设"的时候,不能因为对其本人存在的消极印象而否定其观点里的有益部分。学会将他人观点与主观情绪分离,那么你就能从万事万物中学习。

2. 学会接收一些"相反"的现实

例如,跑步真正的好处不是立刻就能体现出来的,所以我们不能以一两天的结果来断定跑步这件事没用。

很多活动,诸如早起、冥想、阅读、写作等,都需要一段相对长的持续行动,才能真正让人看到它们的好处。所以,在

认知的驱动

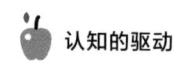

行动量没有积累到一定程度之前，不要轻易相信眼前的现实结果，因为长期累积的结果才是真正的现实结果。

一个人如果持续成长，他可能会变好并获得成功。而此时，如果他的潜意识不愿意相信和接受这种变化，那他就会觉得自己配不上眼前的结果，然后在生活中不自觉地搞砸一切，回到原来的自己。

所以，在成长的过程中，我们不仅要看到现实的限制，也要保持知觉，看到现实的突破。我们要时常对自己的现在成长阶段做出新的假设，并主动进行心理建设去适应新的自我。这样，我们才不会陷入无端的内耗，才能迈上新台阶继续进步！

第05章　策略练习，依据自身条件制订实施的方法和路径

降低期待，允许自己慢慢变好

孩子从出生开始到牙牙学语，再到蹒跚学步，他们是懵懂的，也是无所畏惧的，所以他们既不在意前进中的挫折与失败，也不在意他人的眼光和评价，更不要求自己在短时间内必须掌握某项技能。他们只关注自己当下的点滴进步和喜悦，在时间的加持下，他们最终掌握了诸如走路、说话这样的全新技能，这其实就是普通人成事的秘密。但当我们长大之后，这些宝贵的品质却不知不觉地被丢掉了，我们总想同时做很多事，又想马上看到结果，还特别在意他人的评价，导致看不到进步的时候就会烦躁，遇到退步就自我否定。不得不说，成年人的烦恼往往来自于对自己的过高期待和缺乏耐心。

正如人们常说的，希望越大，失望越大。如果我们怀着适度的期待，就不会陷入过度的焦虑。很多人都喜欢给自己制订过高的目标，似乎只有目标远大，人生才能与众不同。实际

认知的驱动

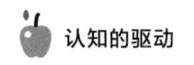

上,过于远大的、可望而不可即的目标往往会让人坠入无边焦虑之中。唯有更好地面对未来、憧憬未来,我们才能从实现目标的喜悦中得到自信的满足。

"心急吃不了热豆腐",指的是做事不要急于求成,要踏实做事,才能水到渠成。的确,总是想着成功的人,往往很难成功;太想赢的人,往往不容易赢。欲速则不达,凡事不能急于求成。相反,以淡定的心态对之、处之、行之,以坚持恒久的姿态努力攀登、努力进取,成功的概率才会大大增加。

一位渴望成功的少年一心想早日成名,于是拜一位剑术高人为师。他问师傅要多久才能学成,师傅答曰:"十年。"少年又问如果他全力以赴,夜以继日要多久。师傅回答:"那就要三十年。"少年还不死心,问如果拼死修炼要多久,师傅回答:"七十年。"

这里,少年学成剑术并非真要七十年,他的师傅之所以如此回答,是因为他看到了少年的心态,少年可谓是不惜一切想尽快成功,但没有平和的心态,努力势必会以失败告终。渴望成功、努力追求没有错,但渴望一夜成名的心态反而会使人欲速则不达。

第05章
策略练习，依据自身条件制订实施的方法和路径

其实，不光是这位少年，在现实生活中，急功近利者也不鲜见，他们凡事追求速度，以至于经常在做一件事时，还没开始就结束了。急于求成，心态浮躁的人，往往不会注意做事的品质，常把最简单、最普通的事搞砸，更何况富有挑战性的大事呢？

事实上，任何一种本领的获得、一个人生目标的达成，都不是一蹴而就的，而是需要一个艰苦历练与奋斗的过程。正所谓"宝剑锋从磨砺出，梅花香自苦寒来"，我们做任何事，都不能忘了踏实这个原则，只有一步一个脚印才能更接近成功。因此，任何急功近利的做法都是愚蠢的，急于求成的结果，只能是适得其反、功亏一篑，落得一个拔苗助长的笑话。

凡事顺其自然，不仅是我们人生路上追逐成功、获得成长应该遵循的原则，更体现了一种随遇而安、不强求的超然。俗话说"强扭的瓜不甜，强求的事难成"，以淡定的心态面对，往往会水到渠成。

从前有一个富翁，他什么都好，就是有个毛病，太过在意自己的健康问题。

一次，他的喉咙发炎了，虽然这只不过是一个寻常的小问题，他却很紧张，一定要找最好的医生来为他诊治。

认知的驱动

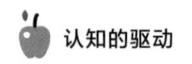

他花费了大量的金钱，让下人为自己找到了全城最好的医生，但他仍然觉得这个医生治不好自己，于是，他放弃治疗，继续到别的地方找更好的医生。

直到有一天，他路过一个偏僻的小村庄，此时，他的扁桃体早已感染，病情变得非常严重，除非马上开刀，否则性命难保。但是当地却没有一个医生，这个富有的人，居然因为一个小小的扁桃体发炎而一命呜呼！

一个小病居然要了富翁的命，这是为什么？因为他求好心切，太过在意自己的病而延误了治疗的最佳时机。

事实上，任何事情的发展都是有规律可循的，人们的主观愿望与实际生活也总是有差距的。就像自然界的植物，它们的成长需要每天接受光照，需要接受甘露的灌溉。每个生命的成长都如此，千万不要违背自然规律，急于求成。

因此，我们千万不可把自己的主观意愿强加于客观的现实中，我们应该学会随时调整主观与客观之间的差距。凡事顺其自然，这至为重要。有些事情就是很奇怪，你越努力渴求，反而越迟迟不来，让你等得心急火燎、焦头烂额。终于，你等得不耐烦了，它却又如从天降，给你个惊喜。

孔子曰："无欲速，无见小利。欲速，则不达，见小利，

第05章 策略练习，依据自身条件制订实施的方法和路径

则大事不成。"真正成大事者都有定力，都遵循自然的规律，遇事临危不乱、镇定自若，这是一种有长远眼光的表现，只有凡事不急于求成，才能真正有所成就。

顺其自然，不是一种消极避世的生活态度，而是站在更高层次来俯视生活。

认知的驱动

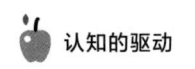

普通与卓越之间的分水岭需要"穿"过去

从某种意义上说，要想获得人生幸福，最简单直接的办法就是练就一项技能，让自己在某一方面拥有独特的优势，这是我们生存、发展乃至在竞争中胜出的重要方法。然而，在获取人生优势的道路上，许多人的现状都是求而不得的，无论怎样努力，都无法让自己变得与众不同。

生活中，很多人都有这样的感触，事实上普通与卓越之间确实存在着一道无形的分水岭。而那道分水岭不是需要跨过去，是需要穿过去。这里的"穿"，就是深度学习，就是在某行业、某领域内进行深入学习和研究。那些习惯浅学习的人总是试图轻松翻越障碍，于是沉迷于体验各种不同的路径，尽管开始很轻松，可是每到半山腰就会感到无路可走；而那些愿意深度练习的人就好比在打隧道，虽然每走一步都很艰难，速度也不快，可一旦将其贯穿，就一定会柳暗花明。比起每天费力爬山的人，那些坐拥私人隧道的人就拥有了巨大的人生优势，

第05章 策略练习，依据自身条件制订实施的方法和路径

有了这种人生优势，又怎能不幸福呢？

韩国作家张同完初中时学习很差，成绩在班上垫底，有一天他突然想要说一口流利的英语。

张同完很聪明，在经过一段时间的摸索后，他发明了100LS训练法，通过这种方法可以做到6个月开口说流利英语，1年达到口译水准。

后来，他不仅获得了在卡塔尔的高薪工作，还以同样的方法学会了法语、日语和汉语，并以特招生的身份进入釜山大学法语系学习，让自己的人生从此不同。

他的方法是这样的：找一部自己喜欢的电影，然后跟着听和说。

我们都听说过，要学好英语，我们可以看100部美剧，但张同完的方法是，只看一部剧，但是要看100遍。

他的步骤是：

第一步，看之前关掉所有字幕；

第二步，打开母语字幕观看，弄清楚之前没有明白的部分；

第三步，换成英文字幕，将没有听懂的部分摘抄下来；

第四步，听不懂的片段反复练习，听完马上跟读；

第五步，关掉所有字幕，再观看剩下的97遍。

认知的驱动

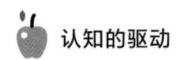

这里的关键是弄清每句台词的意思,听完马上跟读,对不熟练的片段反复练习,使语气、语速、语调尽可能与剧中一样。这样遇到类似的场景时,可以不假思索地准确脱口而出。

从上面的例子可以看出,张同完没有醉心于各种美剧的泛听,他把知识当作技能练习。他的学习方法,无疑就是进行刻意练习。

那些成绩好的人总是将"做对"和"做快"同时列入自己的学习标准,要求自己将知识掌握得足够熟练。因此,要实现从普通到卓越之间的分水岭的"穿越",我们在心态上要慢,允许自己学得少、学得慢,但在动作上要快,要求自己熟练、迅速。快,也是一种生产力。

请尽早执行你人生的B计划

你在日常生活中的闲暇时间会做什么呢？大部分人可能忙着翻看朋友圈、看电视剧、浏览短视频等，这些东西令我们目不暇接，眼花缭乱。我们的日常生活每时每刻都不离手机，打开手机，扑面而来的是各种繁杂的信息。

每天沉浸其中，你的收获是什么？有充实感吗？还是只是打发时间罢了。你会发现，我们并没有获得任何成长与进步。互联网时代为我们每个人提供了实现价值的可能，不管是中年人、老年人还是年轻人，都在努力寻求自我价值的提升。

我们想奋力向上，可结果总是不尽如人意。这是现代社会人们的普遍感受与"硬伤"。应了那句话：理想很丰满，现实很骨感。

现实真的充满了无奈吗？我们身边也有少数成功者，他们是怎么做到的呢？普通人如何逆袭？如何实现人生的价值呢？

最好的方法是拟定和执行人生的B计划、实现跨界潜行。

认知的驱动

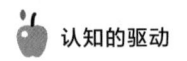

它是摆脱人生痛苦与焦虑的法宝。所谓跨界就是指我们在除了本职工作外，还要始终有另一个人生的计划，即B计划。

什么是B计划？就是我们在主业之外还有另一个人生目标或追求，它可以填充闲暇、排解无聊，甚至创造成就。

另外，当今社会，竞争之激烈早已毋庸置疑，任何人要想在激烈的竞争中胜出，都必须付出比他人更多的努力，将自己历练成一个综合素质高的人，而要做到这点，你就不能把眼光仅放在眼前的工作上，而是应该培养自己多方面的能力，要知道，多学一门技艺，在未来社会，你就会多一条出路。

深夜来临了，老鼠首领认为房子的主人应该都睡了，于是，它带领着所有的小老鼠出来觅食。聪明的老鼠首领很快发现主人厨房垃圾桶里有很多剩饭剩菜，这对于老鼠就好像发现了宝藏。

这群老鼠正准备饱餐一顿时，却听到了它们最害怕听到的声音——一只大花猫的叫声。它们立即慌乱了，只顾逃命，但大花猫看见老鼠兴奋异常，哪里肯放过它们，有两只小老鼠逃避不及，被大花猫捉到，正要将它们抓住，突然不远处传来一连串凶恶的狗吠声，令大花猫手足无措，狼狈逃命。

大花猫被吓跑后，老鼠首领镇定地从垃圾桶背后走出来，对小老鼠们说:"我早就对你们说,多学一种语言有利无害,这次我就用外语救了你们一命。"

这个小故事说明了一个简单的道理——"多一门技艺,多一条路",这也是现今社会的真理和求得更好生存的基础。所以,不断学习,是成功人士对自己的终身承诺。

因此,无论你现在处于什么样的境况中,只要你肯努力并不断学习更多的技能知识,相信你在社会任何一个岗位上都会发光发热!

此前你若从未想过人生的B计划,那我建议你现在开始考虑。设想一下,如果你有一件只要有空就会想着去做的有益且有趣之事,无论是研究一个课题、培养一项技能,还是创造一个作品,那么,生活中的闲暇将不再是你要"杀掉"的时间,而会成为你不可多得的宝贵资源。

在经年累月的精进下,这个B计划甚至可能给你带来意想不到的收获。比如,成为某一领域的专家、产生不可代替的个人影响力。

跨界要跨得越远越好,因为这样做有两个好处。

第一,它可以帮助我们更好地换脑休息。你忙完了一天的工作之后,回到家是不是感觉有些疲倦?那么,不妨通过B计划投入到一个不同的领域，大脑就会启用完全不同的脑区进行工作，原来疲劳的脑区就会进入休息状态。

如果你是一位程序员，你就可以选择艺术类的领域作为自己的B计划。

第二，B计划不仅不会削弱我们的主业，甚至还可能为我们的主业带来更多的竞争优势。这是因为在你的主业范围内，要想在技能和能力上做到第一或者名列前茅是很难的，但是如果有另一项与自己的主业差异极大的能力，进行两个维度的复合，那情况就不同了。

所以，B计划的好处在于打造外界无法剥夺的价值与优势。对于普通人，要想出人头地，要想取得人生的成功，就要学会找到自己的B计划。

有了B计划，人生就有了另一种可能，你就会如虎添翼，在人生的道路上越来越绚丽，并终将与众不同，脱颖而出。

第 06 章

实践出真知，做到才是对认知升级的直接检验

任何人要做成一件事，都要讲究方法，但方法是否正确，来自我们的认知、思想，而检验方法正确与否的往往是实践。因此，我们可以说："做到，是最高等级的成长。"接下来要阐述的就是这个问题，本章可以分为两个部分：一个是目标觉醒，另一个是成事之旅。带着这两个要素，我们来看看本章的内容。

目标觉醒：尽早找到你的人生目标

所有的认知提升，都是为了成长。而评判一个人是否真正成长了，看的从来不是能否说出来，而是能否做到。要想做到就要开启认知驱动力，而开启认知驱动力，第一步就是做到觉醒。

所谓觉醒，是认识、意识、感受，是明确知晓自己的不足，并去寻求相应的成长之路。

一个人是否觉醒，有三个评判标准。

第一，愿望觉醒。想要变好，对美好生活有了强烈的向往。

第二，方法觉醒。知道怎么变好，有科学的认知驱动自己变好。

第三，目标觉醒。寻找人生目标，成为对己对人有用的事，更有价值。

这三个觉醒是层层递进的。所以，一个人有了目标，并做到了，就是真正的成长。

认知的驱动

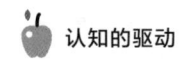

那么，如何去寻找自己的目标和想要培养的技能呢？

从驱动力入手。人的驱动力分为两种：逃避痛苦和追逐快乐。生活中的痛苦和喜悦是我们要特别关注的。经常审视自己、体察情绪，在舒适区边缘反复努力、获取反馈，这是很有必要的。

以下是我们在树立和达成人生目标的过程中要注意的。

1. 珍惜时间

闲暇在每个人的生命中是举足轻重、仅次于工作时间的第二大时间段。任何人要想有所成就，都应当合理地安排时间，最大限度地提高时间的利用率。在成功的诸多因素中，天资、机遇、健康等都十分重要，但把所有有利条件都发挥出来的决定性因素，是利用好每一分每一秒。

2. 树立明确的人生目标

有些人没有目标，整天糊涂度日，一生忙碌，但到头来一事无成，默默无闻。人生不在于时间的长短，而在于生活质量的高低，如果你不甘平庸，就从现在开始，为自己树立个明确的目标，并为之努力吧！

3. 为实现自己的目标，制订切实可行的计划

不管目标有多好，除非真正身体力行，否则永远没有收获。你若想成功，就要做到：一旦有了目标，就围绕目标想方

设法地积极行动，为早日实现自己的目标而奋斗。

对于自己的目标，可以分三个步骤完成。

（1）为目标设定一个可以实现、同时有挑战性的期限

比如，你想写一本书，这是你的大目标，但是如果你不给自己时间限制的话，你总觉得时间还多，就会不断地拖延下去，也许等你垂垂老矣，依然没有动笔。相反，假如你有时间限制并给自己设定目标，如今年完成多少、什么时间前必须写完，那么你就有了约束，也就有了动力。

当然，我们所设置的这个期限需要有一定的紧迫性和合理性，这样才能鞭策我们，任何一件事的完成都不可能一步登天。

（2）切割划分你的目标

一些人在为自己制订人生目标和规划的时候，会有些不切实际，其实，我们谁也不能一口吃成个胖子、一锹挖好一口井。比如，你现在月薪是两千元，你就不能奢望自己换一份工作月薪就能达到两万元，为了一步步实现你的宏伟目标，你可以先设定到三四千元，然后慢慢地接近一万元，最后达到两万元。

这就是我们所说的目标切割法，一般长远的计划都需要一定的时间来完成，且有一定的难度，如果只制订一个长远计划

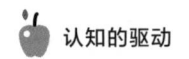

且只按照这一目标去行动,那么,你在短时间内很难看到效果,自然会挫伤积极性。所以要把长远目标分解成无数容易达成的小目标。每天都进步一点,就可以鼓励自己,提高自己的积极性,距离终极目标就又近了一步。

(3)不断总结问题

任何事干起来都会遇到或多或少的困难,在制订目标时,不妨把可能出现的困难加以举例,对困难先有一个心理准备,做一些必要的防范,在真正碰到困难时才不会手忙脚乱。当然,很多困难都是无法预知的,最关键的还是要有战胜它的决心,以积极的心态想方设法去解决,才会让事情有转机。

总之,任何人都要尽早为自己制定一个明确的长期奋斗目标,及时为自己的幸福人生规划一张蓝图。把自己最大的梦想标在最顶部,再从下往上,把你每个年龄阶段要做的事情、要实现的小目标都标注出来,然后按照这个线路图一步一个脚印地前进,总有一天,你会登上成功之巅!

第06章
实践出真知，做到才是对认知升级的直接检验

从现在开始觉醒，敢于离开安全区域

生活中的我们总是会有这样的时刻：课堂上老师提出一个问题，自己明明很想回答，却因为没有自信保证一定不会错而不敢主动争取；明明当初自己去参加聚会是为了多认识一些陌生朋友，拓展朋友圈，结果到了聚会当晚，相聊的还是那几个熟悉的人；明明知道早起锻炼身体对自己好处多多，却还是改不了每天熬夜晚睡的习惯……没错，我们对接触陌生事物和改变固有习惯就是有着一种天然的抗拒，我们总是习惯于窝在自己构建的舒适区里面，不愿轻易改变。从一定意义上来说，我们每个人的选择其实都是在自己能力范围以内所做出的最优选择，因而可以说，其实我们每个人都是安全感的"奴隶"。

人生在世，我们每个人都有自己不同的舒适区，它或者是一成不变的生活节奏，也或者是不愿做出改变的一种状态，更或者是很多你早已习以为常的习惯。在这个熟知的安全区域里，我们的日常生活总是被熟悉的事物填满，因为这些会给你

带来满足，让你认定"人生本就该这样子"。这一切的理由当然无比熟悉，让你根本就不会去思考为什么，根本就不会去追问为什么。你只会觉得这一切是那么舒适，那么让你放松，让你能够掌控，能够拥有足够的安全感。这是我们人类的本性，也是我们的天然惰性。没有外在的压力和期望造成的不安，我们往往会心安理得，得过且过。

但是，你我都无法保证自己能够永远待在自己的舒适区里面不受任何威胁。并且，当你从未走出舒适区，看到自己真正拥有多大潜能的时候，你其实是无法意识到自己有多棒的。当你真正走出舒适圈，你必定会发现一个很不一样的自己。

常年待在舒适区的最大弊端是会让我们逐渐变得麻木，就像是被温水煮着的青蛙，习惯了越来越热的水温，忍受着越来越恶劣的生存环境，直到最后想要逃离的时候，却发现自己早已失去了跳出的能力。得过且过，这是一个特别无奈的词语，也是人生最不值的活法。怀抱着得过且过的心理会让我们失去每天多学一点、多进步一点的干劲和热情，会让我们陷入越累越麻痹、越麻痹越辛苦的负能量怪圈。

因此，当你发现自己身上已经开始出现这些征兆的时候，就应当立刻抓紧时间，尝试走出自己的舒适区。毕竟未来如此变化莫测、不可预料，我们唯一能够做的就是提前做好万全的

第06章
实践出真知，做到才是对认知升级的直接检验

准备，随时应对这世界出现的新变化。确实，我们每个人都有自己的现实顾虑，因此，我们总是会出于各种客观原因，不敢尝试新的事物，不敢踏出那一步。但其实，我们完全可以让自己在可控的范围内适当地走远一点，挑战一些通常不太会做的事情。

鞭策自己勇敢地走出舒适区能够让我们更清楚地认识自己，发现自己的潜能，让我们了解到更全面的自己。或许，等你走出来以后，你会发现原先那些你认为太难或者不愿意做的事情其实是有可能实现的。同时，督促自己早些迈出舒适区，也能够让自己找到更聪明、更有效率的工作方式，让自己在处理意想不到的变化时更加游刃有余。因此，我们应当要让自己习惯于走出舒适区，勇敢迈出人生的新步伐。

当我们开始挑战自己的时候，其实舒适区也会逐渐得到调整。并且，当我们勇敢走出第一步，开始接触新鲜事物和新的知识以后，会对自己原有的知识结构进行反思，让我们能够以一种新的视角和更高的要求重新审视自己，激励我们向固有的习惯和成见挑战，在新旧交锋和碰撞中不断地充实自己，成为更好的自己。

其实，我们每个人都会懒惰，偶尔的懒惰也并不是一件很可怕的事情，因为我们也会有需要休息和调整自己的时候。可

认知的驱动

怕的是懒惰成为习惯，胆怯成为常态，我们也逐渐丢失了自己，最终迷失自我。因此，我们应当要时刻提醒自己，只有始终保持开放的心态，不断接受那些外在的挑战和刺激，同时不放弃对自我内在渴望的探索和追求，最终才能够真正不负此生。只有在适当的时候跳出自己的舒适圈，我们才能够遇见更大的世界，也才能够越发逼近那个最真实的自己，看到我们最具活力的模样。当你内心觉醒以后，你才会主动要求跳出自己的舒适区，而只有真正远离曾经的舒适区，你才会变成一个更好的自己。你才会发现，真正的人生开始了。

第06章
实践出真知，做到才是对认知升级的直接检验

去行动、去试错，总比原地不动更有收获

在找到人生目标后，我们就可以一步一步去努力实现。然而，很多人的人生目标，往往不是一开始就能找到的，它通常需要我们经历一个试错的过程。在这个过程中，很多人由于缺乏试错意识，总希望一步到位，不想走一点冤枉路，结果反而陷入了困境。

只有尽情试错，帮助自己找到出口，我们才能全力奔向自己的人生目标。而试错期间的经历，也会成为实现人生目标的铺路石。

人生目标的确定也应该是一个不断试错的过程。我们已经分析过目标对于人生的重要性，一个人只有树立明确的目标，并制订出周详的计划，他的行动才有指引作用。那些指挥作战的军事家，他们在战斗打响前，都会制定几套作战方案；企业家在产品投放市场前，也会制订营销计划。学会制订计划是非常有意义的，它是实现目标的必由之路。然而，计划是否

认知的驱动

完备、是否万无一失，是否在执行的过程中与原定目标逐渐偏离，还需要我们在做事的过程中经常检查。

可能你曾有这样的经历：上级领导交代给你一件任务，你为此做了精心的准备，制订好了实施方案，在整个执行的过程中，你一鼓作气，认为结果完美无瑕，而当你把工作成果交给领导时，却被领导批评工作成果与原本的任务目标背道而驰。这就是为什么我们常常被上司、领导以及长辈们教导做事一定要多思考，以防结果偏差。

同样，对于人生大方向的确定也需要我们保持耐心。事实上，在这个世界上，每一个普普通通的人都是要犯错误的。最重要的是不在错误中沉溺，而是要能够反思错误，从错误中汲取失败的经验和教训，并找到努力向上的阶梯，这样才能以错误作为改正的契机，也让自己的人生获得更大的成长空间和更多的成功可能。

甜甜是一名高三的学生，还有三个月她就要参加高考了。这天周末，姨妈来她家作客，甜甜陪姨妈聊天，话题便转到甜甜高考这件事上了。

姨妈问甜甜："你想上什么大学啊？"

"浙大。"甜甜脱口而出。

第06章
实践出真知，做到才是对认知升级的直接检验

"我记得你上高一的时候跟我说的是清华，那时候你信誓旦旦说自己一定要考上，现在怎么降低标准了？甜甜，你这样可不行。"

"哎呀，姨妈，咱得实际点儿，高一的时候，树立一个远大的目标是为了激励自己不断努力，但到了高三，我自己的实力如何我很清楚，我发现，考清华已经不现实了，如果还是抱着当初的目标，那么，我的自信心只会不断递减，哪里来的学习动力呢？您说是不是？"

"你说得倒也对，制订任何目标都应该实事求是，而不应该好高骛远啊。看来，我也不能给我们家倩倩太大压力，让她自己决定上哪个学校吧。"

这则案例中，甜甜的话很有道理，的确，任何计划和目标的制订，都应该考虑到自身的情况和时间段，不切实际的目标只会打击我们学习的信心。诚然，我们应该肯定目标的重要意义，但这并不代表我们应该固守目标、一成不变，很多专家为那些求学的人提出建议，要不断调整自己的目标。也许你一直向往清华北大、一直想在班级排名第一，但是如果根据进一步分析，你的成绩经过努力仍无法实现目标的话，就应该调整自己的目标，否则不能实现的目标只会使你失去信心，影响学习

认知的驱动

效率,有一个不切实际的目标就等于没有目标。

其实,不仅是学习目标,对于人生目标,我们也要及时调整。策略的第一步应该是明确自己的目标,有目标才会有动力,有了动力才能够前进。但在总体目标下,我们可以适当调整自己的计划,这正如石油大王洛克菲勒所说的:"全面检查一次,再决定哪一项计划最好。"我们都应平时多做一手准备,多检查计划是否合理,这样就能减少一点失误,也会多一分把握。

在做事的过程中,当我们有了目标,并能把自己的工作与目标不断地对照,更清楚地知道自己的行进速度与目标之间的距离时,我们的做事成果就会得到维持和提高,就会自觉地克服一切困难,努力达到目标。

的确,思维指导行动,如果计划不周全,那么,就好比一个机器上的关键零件出了问题,也就意味着全盘皆输。正所谓"生命的要务不是超越他人,而是超越自己"。我们一定要根据自己的实际情况制订目标,跟别人比是痛苦的根源,跟自己的过去比才是快乐的源泉,这一点不光可以用在工作上,也可以运用到生活中,这对我们的一生将会产生积极的影响。

另外,即使我们依然在执行当初的计划,但计划里总有不适宜的部分,对此,我们需要及时调整。也就是说,当计划执

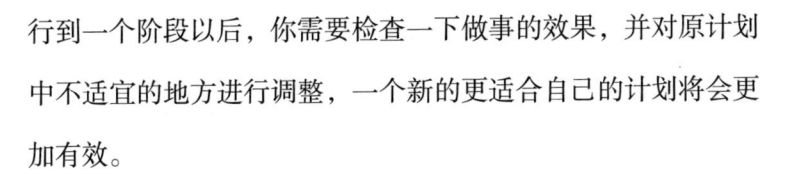

行到一个阶段以后,你需要检查一下做事的效果,并对原计划中不适宜的地方进行调整,一个新的更适合自己的计划将会更加有效。

因此,你可以把自己的目标进一步细化,把大目标分成若干个小目标,把长期目标分成一个个阶段性目标,最后根据细化后的目标制订计划。另外,由于不同的工作有不同的特点;你还应该根据手头任务制定细化的目标。细化目标也能帮助我们及时调整自己的目标。

总之,我们应该根据自己的实际情况,制订一个通过自己的努力能够实现的目标,这个目标不是一成不变的,要根据实际情况不断进行调整。经过一段时间的实践,你一定能够确定一个会给自己带来源源不断动力的目标。

认知的驱动

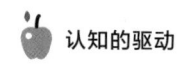

自发行动，才有可能做成一件事

生活中，我们常常说要做成某件事，但"做成一件事"听上去很简单，实际上却很难。我们可以回想一下，阅读写作、健身减肥、学习外语、乐器绘画……这些事情我们可能都尝试过，甚至花费了大量的时间，但基本上都半途而废了，真正做成的很少。

所以培养"主动做成一件事"的能力非常有意义，因为只有当我们知道如何主动做成一件事并真正做到之后，才有可能继续做成第二件、第三件……那么，怎样才算主动做成一件事呢？《认知驱动》的作者周岭曾提出了衡量标准，那就是在没有外力的要求下，自发地做一件事，并让它成为自己的一部分或形成一定的影响力。

事实上，任何人唯有主动追求、思想积极，才能克服自己的缺点。你必须让头脑中充满积极的想法，无论遇到任何状况，你都要超越自我。事实上，只要你每天超越自我一点点，

第06章
实践出真知，做到才是对认知升级的直接检验

成功便自会出现在你眼前。钢铁大王卡耐基曾经说过："有两种人绝不会成大器，一种是非得别人要他做，否则绝不主动做事的人；另一种则是即使别人要他做，也做不好事情的人。那些不需要别人催促，就会主动去做应做的事，而且不会半途而废的人必将成功。"

任何一个人，都不能只是被动地等待别人告诉你应该做什么，而是要主动去了解自己应该做什么，还能做什么，怎样精益求精，做到更好，并且认真规划，然后全力以赴地去完成。在人才辈出、竞争日趋激烈的今天，机会一般不会主动找到你，而是需要你自己去创造。是主动出击还是被动选择，这决定着你的成败。

有了目标，没有行动，一切都会与原来的目标背道而驰。有了积极的人生态度，没有立即行动，那么一切都极有可能转向成功的反面。所以说，主动是一切成功的创造者。这也是为何只有少数人能从芸芸众生中脱颖而出的原因，他们不但有行动，并且有不同于一般人的主动。如果想登上成功之梯的最高阶，你就得永远保持主动率先的精神，即使面对缺乏挑战或毫无乐趣的工作，你也不能消极应对。

做个主动的人，要勇于实践。卡耐基曾经说："只要你向前走，不必怕什么，你就能发现自己，成功一定是你的！"用

认知的驱动

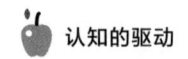

行动来克服恐惧，同时增强你的自信。推动你自己的精神，不要坐等精神来推动你去做事。主动一点，自然会精神百倍。

一个有积极态度的人，不会只停留在已有的条件或已有的成绩上，他总是不停地开拓、不停地创造。世界是变化的，社会是发展的，因而不能墨守成规，而应该是主动地适应这种变化，不断地创新，不断地前进。谁有这种主动的积极态度，谁就能不断地排除困难，获得成功。

总之，我们任何人，都不要被动地让别人告诉你应该做什么，而要主动地调整心态，面对一切挑战。

一生做好一件事，你就能成功

生活中，人们常说，没有人能随随便便成功，的确，做成任何事都需要周期，我们要保持耐心、不焦虑。

漫画师戴维·萨拉齐诺有一部连环漫画，叫作《11辈子》，说的是一个人精通一项技能大约需要七年时间，而很多人一辈子通常只学一项技能，如果以七年为周期，我们这一生其实可以活很多辈子。

的确，人生短暂，我们没有精力去追求太多事情，人的一生能做好一件事情便已足够。倘若一个人过于贪心，总想把人生之中的每件事情都做到极致，那么最终的结果就是每件事情都做不好。这就像是学习，一个人总要术业有专攻，才能做出属于自己的成就。相反，倘若一个人把有限的时间和精力分散到学习的各个领域中，最终不但无法做到学有所长，还会使各个方面都毫无进展。这样的人生看似比百无聊赖充实很多，但只是白忙活，并无成就。

认知的驱动

细想下来，古今中外凡有成就的科学家、画家、音乐家等，都是将全身心投入所热爱的一件事中，几十年如一日，持之以恒，不断探索追寻事业的极致，不断完善充实自己的人生，才能最终在自己的领域颇有建树，享誉天下。

我们也要执着于对事业的信念和担当，用心去做，追求精益求精，拥有打造不朽之作的坚强理念。一生只做一件事，就是在对事业进行深入探索和精研细磨中成就自己的人生。人生无需设定这样或者那样的多个目标，只需以"衣带渐宽终不悔，为伊消得人憔悴"的执着，以悠然定力和沉静若水的卓绝心智做好一件事便足够。

在一家工厂，有一位初中学历的工人。他的上司总是对他说"这事要这么做"，无论上司说什么，他总是一一记下，生怕漏了什么。每天他的话都不多，总是埋头做自己的事。无论上司布置什么任务，他都不厌其烦地认真完成。在工厂里他毫不显眼，一直默默无闻，但从无牢骚，也无怨言，兢兢业业、孜孜不倦地持续从事着单纯而枯燥的工作。

20年后，这位上司来工厂看望他，没想到这个默默无闻、踏踏实实从事单纯枯燥工作的人，居然当上了事业部长。令他惊奇的不仅是他的职位，而且言谈中他感受到，这位工人已经

第06章
实践出真知，做到才是对认知升级的直接检验

是一位颇有人格魅力，且很有见识的优秀领导。上司惊喜地说："取得今天这样的成就，你很棒！"

的确，这位工人看上去毫不起眼，只是认认真真、孜孜不倦、持续努力地工作。但正是这种坚持，使他从平凡变成了非凡，这就是坚持的力量，是踏实认真、不骄不躁、不懈努力的结果。

在这个喧嚣的时代，不但生活节奏越来越快、工作压力越来越大，人们对于很多事情的态度也变得如同对待快餐一样，恨不得马上解决。殊不知，人生之中很多收获必须经历时间的沉淀。就像有些菜品急火快炒好吃，有些菜品必须小火慢炖一样。人生也是如此，对待不同的事情必须有所区别，这样才能做到有针对性，起到事半功倍的效果。

有些人也许觉得一生只做好一件事情是浪费人生，殊不知这其实是人生的幸运。事情在于精而不在于多，我们穷尽一生把一件事情做到极致，也就足够青史留名。

需要注意的是，一生做好一件事情，尽管听起来简单，但真正做好也并不容易。我们首先要确立人生的终极目标，也就是我们平常所说的长远目标，并且始终牢记目标、不忘初心，才能避免半途而废，也不会因为那些不相干的事情分

认知的驱动

散精力。否则，如果把有限的时间和精力无限地分散，最终就会毫无成果可言，我们的人生也会距离梦想和成功越来越远。

参考文献

[1] 周岭. 认知驱动[M]. 北京：人民邮电出版社，2021.

[2] 吴建平. 认知所谓成长就是认知升级[M]. 北京：中国友谊出版公司，2019.

[3] 布朗，勒迪格三世，麦克丹尼尔. 认知天性[M]. 邓峰，译.北京：中信出版社，2018.